DE LA CULTURE

DU

HOUBLON

EN FRANCE;

PAR

P. R. DE SCHAUENBURG,

DÉPUTÉ DU BAS-RHIN,

MEMBRE DU CONSEIL GÉNÉRAL ET DE LA SOCIÉTÉ DES SCIENCES, AGRICULTURE ET ARTS DU DÉPARTEMENT,

Cultivateur à Geudertheim.

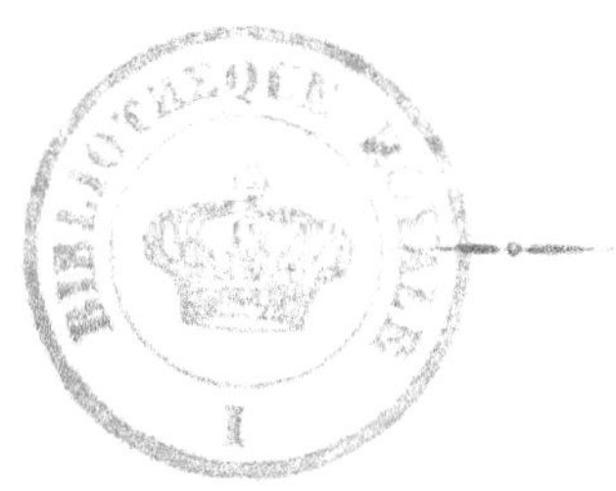

PARIS,

MADAME HUZARD (NÉE VALLAT LA CHAPELLE),

7, RUE DE L'ÉPERON.

—

1836.

IMPRIMERIE DE Mme HUZARD (NÉE VALLAT LA CHAPELLE),
Rue de l'Eperon, n° 7.

AVANT-PROPOS.

La culture du houblon, suivant la condition progressive de la population et de la consommation en France, a excité, depuis quelques années, l'industrieuse activité de nos cultivateurs, qui ont fait des essais, assez généralement heureux, et fixé, sans doute, l'attention du Gouvernement, qui lui a déjà donné quelques encouragemens.

Cependant, d'un côté, le gouvernement ne paraît pas encore assez éclairé sur les moyens et la mesure de protection applicables à cette industrie naissante, et, de l'autre, les cultivateurs sont encore, ou à peu près, sans autre guide que leur propre expérience.

Ayant commencé moi-même avec ce seul guide, et les conseils de quelques devanciers, j'ai cherché, dans les écrits des cultivateurs des contrées où le houblon est depuis long-temps une source de richesse, ce que je n'avais pas trouvé dans les écrits français, et je crois faire chose utile, en publiant le fruit de ma courte, mais studieuse expérience, et de mes recherches dans les écrits étrangers. — Je me suis particulièrement attaché à ceux des praticiens, et tantôt praticien, tantôt plagiaire, tantôt traducteur, sans autre prétention que celle de la conscience, je viens donner à nos cultivateurs quelques conseils modestes, mais prudens et qu'ils pourront suivre avec moins de danger pour leurs intérêts que ceux que leur apportent périodiquement et avec tant d'assurance nos spéculateurs de journaux, d'annales, d'almanachs, indiquer quelques données sur les développemens dont la culture du houblon me paraît susceptible, et sur les encouragemens les moins onéreux et les plus efficaces à lui accorder.

DE LA CULTURE

DU

HOUBLON.

État des choses en France et à l'Étranger. — La consommation de la bière a fait, en France, depuis un certain nombre d'années, des progrés qu'on peut appeler immenses; telle ville qui n'avait pas de brasserie en compte plusieurs, et il s'en est élevé dans un grand nombres de bourgs et de villages.

La culture du houblon a suivi, il est vrai, l'impulsion et le mouvement de la consommation, mais avec une lenteur et une hésitation qui ont laissé l'industrie de production bien en arrière de l'industrie de fabrication. — La France ne produit guère encore que le quart, ou tout au plus le tiers des houblons nécessaires à la fabrication de la bière consommée, et le commerce va porter à l'étranger les énormes capitaux représentant la valeur des houblons que la France consomme sans les produire.

Et cependant les conditions de climat, les circonstances atmosphériques sont plus favorables, en France, à la culture du houblon, que dans les pays dont elle reste tributaire pour la portion de sa consommation qu'elle ne produit pas, tribut dont la somme se compte par millions; son sol est généralement plus approprié, et les facultés de travail et d'industrie de sa population ne sauraient être taxées d'infériorité.

Il faut donc chercher ailleurs, et en comparant ce qui se passe chez nous à ce qui se passe chez l'étranger, les causes qui font obstacle au développement d'une branche d'industrie qui ouvrirait incontestablement à la France une source nouvelle et abondante de richesses et de prospérité.

Dans la plupart des pays d'outre-Rhin, le cultivateur qui transforme un terrain inculte en houblonnière est affranchi d'impôt foncier pour dix et pour quinze ans; celui qui augmente la valeur d'un terrain déjà cultivé, en lui faisant subir la même transformation, est affranchi du même impôt pour un temps moindre, mais encore assez long.

Des systèmes de primes à la production perfectionnée viennent, dans plusieurs pays, se combiner avec cette importante immunité et avec des droits protecteurs contre l'importation des produits étrangers.

Des marchés considérables et réguliers, sur lesquels les produits se classent et s'apprécient, et des précautions bien entendues contre la fraude, faisant naître, par conséquent, et entretenant la confiance, sont établis depuis long-temps à l'étranger et manquent absolument en France, où l'action protectrice et encourageante du Gouvernement est réduite à un droit d'entrée, d'ailleurs assez élevé, à quelques encouragemens locaux et de détail, mais sans système et sans vue élevée ou d'ensemble.

A l'étranger, la fabrication de la bière est également soumise à des droits; mais le mode de perception, qu'on appelle chez nous l'exercice, ne s'y oppose pas au perfectionnement de la fabrication; le système et le mode de perception des droits se lient à un système de surveillance, et le brasseur est excité, par son intérêt même, à faire de la bonne bière, au lieu de l'être à frauder en en faisant beaucoup de mauvaise, en cherchant à escamoter un brassin à la surveillance des agens du fisc.

Aussi, en France, les agens du fisc ne s'inquiètent-ils que du nombre de brassins et du droit à en percevoir; ailleurs, ils veillent non seulement à la quantité, mais encore à la qualité; on punit l'emploi de surrogats pernicieux; et, plus soigneux de la santé publique, on traite la bière falsifiée, comme on traite, à Paris, les vins frelatés.

A l'étranger, le brasseur est encouragé, soit par le préjugé favorable du consommateur, soit même par des primes, à employer les produits indigènes dans sa fabrication, en même temps qu'à bien fabriquer; en France, le brasseur est détourné, par le préjugé défavorable du consommateur, de l'emploi du produit indigène, et n'a, pour l'encourager à une bonne fabrication, qu'une concurrence que rend illusoire, sous ce rapport, l'intérêt créé, pour ses concurrens comme pour lui, par un mauvais mode de perception de l'impôt, de diminuer la durée des brassins, et de fabriquer davantage, pour échapper à une certaine proportion de droit.

L'acquisition et le renouvellement des perches entrent, pour la plus forte somme, dans le capital de première mise, et dans le capital d'exploitation d'une houblonnière.

Nos forêts, celles surtout qui avoisinent les bassins de la France dans lesquels la culture du houblon est en voie de progrès, ou pourrait être introduite avec succès, fournissent peu de perches, ou ne peuvent les fournir qu'à un prix très élevé; encore le régime forestier, et pour les forêts particulières, et pour les forêts communales, comme pour celles de l'État, ne permet-il pas même que, contre un prix élevé, elles soient livrées aux planteurs au moment du besoin ; les parties voisines du Rhin tirent leurs perches de l'étranger, mais aussi à des prix et avec des frais de transport qui élèvent beaucoup trop le revient de leurs produits.

Dans les pays d'outre-Rhin, au contraire, où les perches sont plus communes et à meilleur marché, à raison de l'étendue et de l'essence même des forêts, les gouvernemens n'en ont pas moins abaissé le prix des perches en faveur de la culture du houblon, et les perches y sont livrées aux planteurs à un taux modéré, souvent même inférieur à leur valeur réelle : aussi peuvent-ils, soit augmenter leur capital d'exploitation en proportion de cette économie, pour produire plus et mieux, soit livrer leurs produits à meilleur marché, et le houblon est-il devenu, pour ces contrées, dont nous sommes tributaires, une source de richesse et de prospérité qui nous reste fermée.

En Alsace, où la proximité des forêts badoises peut rendre la position moins défavorable, sous le rapport du prix des perches, mais surtout où l'agriculture, au moyen de l'industrieuse et infatigable activité du cultivateur, lutte avec plus d'énergie contre l'abandon dans lequel elle est laissée en France, la consommation de la bière est très considérable, et la culture du houblon a fait des progrès marqués. Le Bas-Rhin, particulièrement, pourra bientôt fournir à la consommation locale, et pourrait, sans doute, aussi lutter pour la qualité de ses produits, s'il obtenait une protection bien entendue.

Cependant, si le Bas-Rhin est en position de dépenser quelque peu de chose de moins en matériel, à raison d'un petit avantage sur le prix des perches, comme pays de culture avancée et de propriété morcelée, cet avantage y est balancé par la plus grande valeur des terres, le taux des impôts, et le prix plus élevé de la main-d'œuvre.

Préjugés. — A ces causes, qui mettent obstacle au développement de la culture du houblon en France, viennent se joindre des préjugés, malheureusement encore trop répandus, trop accrédités, et qu'on ne songe pas assez à combattre et à détruire.

Le premier de ces préjugés, dont l'absurdité n'a pas besoin d'être démontrée, est celui qui fait regarder le climat de la France comme moins favorable à la culture d'une plante qui demande avant tout un climat tempéré, de l'air et de la lumière, et dont on s'obstine à trouver les produits meilleurs, lorsqu'ils sont *censés* venir de la Bohême, de la Bavière, voire même de l'Angleterre, en général de pays dont les circonstances climatériques sont évidemment moins favorables à cette culture que celles de la France.

C'est à dessein que j'ai dit des produits *censés* venir de l'étranger, parce que la puissance du préjugé fait renaître aujourd'hui, en France, à l'égard du houblon, cette même et singulière circonstance, qu'elle avait produite dans les beaux temps du système continental, c'est à dire que nos houblons commencent à sortir de France, pour y rentrer avec le cachet d'une origine étrangère, comme, à cette époque, les produits de nos manufactures en sortaient, pour y rentrer comme produits de manufactures anglaises.

Le second préjugé accrédité en France est celui qui fait regarder la plante comme plus difficile qu'elle ne l'est réellement sur la qualité du sol.

Il est à regretter que des hommes dont les écrits font autorité, tels que M. de Dombasle et quelques autres, aient accepté, sur la foi d'écrits anciens, sans doute, et reproduit une pareille opinion; qu'ils n'aient pas émis, au contraire, celle que l'expérience leur aurait fait adopter et la seule vraie : c'est que le sol doit être léger, peu ténu, perméable, et, dans une certaine proportion, siliceux, point argileux, mais surtout meuble et travaillé à une grande profondeur; la condition essentielle à la prospérité du houblon étant, non pas précisément la richesse du sol, mais bien son ameublissement, le renouvellement, par des engrais, d'un humus approprié, le développement facile, profond et étendu d'un grand nombre de racines longues, minces et délicates.

La réussite complète de houblons plantés dans des terrains de pur sable, mais homogènes à une grande profondeur, tant à l'étranger qu'en France même, à Haguenau, par exemple, et la faveur avec laquelle se placent les produits de ces plantations, surtout à titre de produits étrangers, quand on leur a fait faire un tour hors de France, seraient le meilleur argument contre ce préjugé, s'il fallait en chercher dans la pratique, alors que les données de la théorie, appliquées à la nature et aux caractères de la plante, en fournissent assez déjà de tout à fait péremptoires.

Quoi qu'il en soit, le houblon de France n'en passe pas moins, dans le préjugé général, pour être inférieur au houblon étranger, par cela seul qu'il n'est pas étranger; en conséquence, il est constamment coté à des prix inférieurs, quelle que soit d'ailleurs sa qualité; et l'intérêt des brasseurs qui, tout en employant des houblons français, s'efforcent de conserver à leur bière la réputation d'être fabriquée avec des houblons étrangers, maintient le préjugé, empêche l'évidence de se montrer, et les preuves les plus palpables, celles même qui ressortent de l'analyse comparée des produits français et étrangers, restent impuissantes contre le préjugé.

Ainsi, des analyses publiées dans des ouvrages scientifiques, qui méritent toute confiance, ont prouvé que le houblon français contient, ainsi que cela doit résulter de conditions de climat et de circonstances atmosphériques meilleures, plus de sécrétion aromatique, plus de lupuline, que les houblons étrangers les plus estimés, même ceux de Spalt, et le préjugé n'en continue pas moins d'exister.

Pour tout dire, il faut ajouter encore aux causes de l'infériorité de valeur vénale des houblons indigènes, ayant leur source dans le préjugé, les causes réelles, qui justifient en partie le préjugé et qui tiennent au défaut d'encouragement et d'expérience, telles que l'emploi de replants d'espèces communes, auxquelles on suppose un produit plus considérable en quantité, le mélange du produit des espèces communes avec celui des espèces distinguées ; le tâtonnement et le peu de soins dans les procédés de plantation et de culture ; les procédés défectueux de récolte, de dessiccation et d'emballage ; les pratiques frauduleuses des marchands; enfin l'emploi, par certains brasseurs, de surrogats plus ou moins nuisibles, dont ils attribuent les effets aux houblons indigènes, alors même qu'ils ne les ont pas employés.

Encouragemens nécessaires et possibles. — La comparaison de ce qui se passe en France, avec ce qui se passe à l'étranger, et celle de la production avec la consommation, indiquent assez déjà ce qu'il y aurait à faire pour favoriser la culture du houblon et l'importance des avantages à résulter, pour le pays, d'un système bien entendu de protection, appliqué à cette industrie, qui lutte avec tant de désavantages, réels ou de préjugé, contre la même industrie étrangère.

Ainsi donc, quelques immunités, ou des primes d'encouragement, accordées à la production, plutôt encore que des primes d'exportation, qui ne favoriseraient que les voyages des produits français à l'étranger et leur retour, aux dépens du consommateur; des droits d'entrée, plus modérés peut-être que ceux qui existent; des encouragemens pour les meilleurs procédés de dessiccation, d'ensachement ou d'emballage; pour l'emploi des produits indigènes dans la fabrication; une surveillance, moins fiscale et plus efficace de la fraude, dans le commerce et la fabrication; l'établissement de marchés, avec des réglemens sages, desquels résulteraient des prix en rapport avec les circonstances commerciales et de production, des garanties de qualité et de provenance; telles sont les améliorations qui se présentent au gouvernement, comme objets pressans de ses études et de son intérêt, et sur lesquels le devoir qui lui est imposé, de travailler incessamment au développement de la prospérité du pays, lui commande de porter une studieuse attention et un sérieux examen.

La différence entre la production et la consommation étant encore d'une valeur de plusieurs millions portés en tribut à l'étranger; la consommation elle-même étant encore loin des limites qu'elle peut et doit atteindre; le sol de la France offrant, à la plantation du houblon, une trop grande surface de terrains encore sans produits et sans valeur, que cette industrie pourrait utiliser au profit de la prospérité générale; le chiffre de cette partie de la population qui demande, avec du travail, la certitude de l'existence et la somme de bien-être qui lui est due et qu'une industrie nouvelle pourrait lui procurer, étant encore beaucoup trop considérable, il n'est pas nécessaire d'en dire davantage pour faire ressortir l'utilité, la mesure et la nature des encouragemens que réclame la culture du houblon, et l'importance des avantages qui en seraient le résultat prochain et assuré.

Historique. — On trouve dans les chartes des plus anciennes abbayes d'outre-Rhin la mention des immunités accordées à la culture du houblon sous les Carlovingiens.

La Bohême est le pays où le houblon est devenu le plus tôt l'objet d'une industrie considérable, qu'on y trouve déjà florissante au commencement du XIVe siècle.

En 1346, l'empereur Charles IV accorde aux évêchés de Liége et d'Utrecht une réduction de droit sur les bières de houblon.

Les Pays-Bas ont eu, de bonne heure aussi, des lois sur la culture et sur le négoce du houblon, qu'on y trouve déjà établies vers la fin du XIVe siècle.

En France, les premières ordonnances qui contiennent des dispositions relatives à la culture et au commerce du houblon datent aussi de plusieurs siècles, mais sont restées sans effet.

L'Angleterre tira ses premiers houblons de la Flandre, à la fin du XVe siècle. Henri VI et Henri VIII en défendirent l'emploi dans la fabrication de l'*ale;* mais Édouard VI révoqua ces défenses, et accorda de nombreux et importans priviléges à la culture du houblon et à la fabrication du *bear*.

Le houblon ne s'introduisit en Suède que vers la fin du XVIIIe siècle, et, malgré les immunités accordées par Charles XI pour en propager la culture, elle y fit peu de progrès.

Auteurs. — Au XIIIe siècle, Peter de Crescentiis, au XIVe, Silvaticus, au XVe, Conrad de Megdenberg, au XVIe, Mathioli et Mesues, ont traité du houblon, de ses vertus médicinales et de ses propriétés particulières pour la fabrication de la bière.

Parmi les auteurs contemporains, ou à peu près, qui ont traité du houblon sous différens points de vue, on peut consulter Maison et Bailon, en France; Jung, Duxon, Kurthwrights, Lawrence, Bradley et Richardson, en Angleterre; Blotz, Helmhardt de Hochberg, Herrmann, Walter, et un assez grand nombre d'autres en Allemagne; Yves, en Amérique.

Pays de culture. — La Bohême occupe aujourd'hui le premier rang entre les pays producteurs de houblon; c'est rester bien certainement au dessous de la réalité que de porter à plus de deux millions de francs la somme que les autres pays, et en grande partie la France, lui livrent annuellement pour les houblons qu'elle produit en excédant de sa consommation.

La Belgique, dont les houblons les plus estimés se vendent sous le nom de houblons d'Alost, figure, pour le chiffre le plus élevé, parmi les pays producteurs et commerçans qui tirent de France d'énormes capitaux, en lui livrant des houblons, dont une bonne partie est d'origine américaine.

L'Amérique septentrionale est le pays dont la production est aujourd'hui la plus considérable en quantité ; elle marche de pair, pour les qualités, avec la Bohême et la Bavière, si l'on excepte de la comparaison le houblon de Spalt. L'institution bien entendue des marchés des États-Unis, dans lesquels des préposés spéciaux appliquent aux houblons des marques de garantie indiquant leur qualité et leur origine, et le bas prix des transports maritimes, leur procurent des avantages commerciaux très considérables.

La Bavière est en possession du préjugé le plus favorable, sous le rapport de la qualité de ses produits ; ses houblons les plus renommés sont ceux de Spalt, dans le duché d'Eichstett. Le gouvernement accorde des priviléges et des encouragemens importans et bien entendus à la culture du houblon, des primes à la culture et au perfectionnement, des exemptions d'impôts, des droits protecteurs, etc.

L'Angleterre produit beaucoup au delà de sa consommation, qui est cependant énorme. Ses produits, de moindre qualité que ceux de la Bavière et de la Bohême, sont importés, pour une forte partie, en France, et nous enlèvent, pour des houblons de beaucoup inférieurs à ceux que la France pourrait produire elle-même, des capitaux considérables.

Le Brunswick fournit de bons houblons et livre au commerce un excédant encore assez important.

Le Mecklembourg, le Brandebourg, la Poméranie et la Silésie produisent des houblons estimés, mais ne peuvent livrer qu'un faible excédant au commerce.

Les pays de Bade et le Wurtemberg sont en progrès, produisent de bonnes qualités, et déjà commencent à nous imposer aussi leur part de tribut.

Surrogats. — Il n'existe pas de plante ni de substance qui puissent remplacer le houblon pour donner à la bière une qualité saine et un goût agréable, pour lui communiquer en même temps la faculté de conservation, et surtout qui aient la propriété d'en empêcher la fermentation acide.

Le trèfle d'eau, *bitter-klee, menianthes trifoliata;*

L'absinthe, *wermüth, absinthium vulgare,*

Sont les surrogats les plus pernicieux pour la santé;

La charaigne commune, *post, ledum palustre;*

Le vacinet noir, *heidenkraut, erica;*

La tanaisie, herbe aux vers, *rainfarren, tanacetum vulgare;*

Le buis, ses racines et son bois,

Sont des surrogats moins pernicieux, mais non innocens, que quelques brasseurs emploient, rarement seuls, plus fréquemment en concurrence avec le houblon.

La défense absolue de l'emploi de supplétifs quelconques serait du devoir d'une bonne administration, et elle devrait veiller à la fabrication de la bière, dans les intérêts de la santé publique, comme elle veille à la falsification des vins. Les mêmes peines devraient atteindre des fraudes de même nature, également coupables et également dangereuses.

Noms. — Pline donne au houblon les noms de *lupulus*, *lupus salictarius;* dans quelques anciens auteurs, il est désigné sous les noms de *bruscandulum*, *bryon scansile;* plus tard, on lui a donné les noms de *humulus*, *humulo volubilis;* ses noms modernes sont, en allemand, *hopfen;* en hollandais, *hopp*, *hoppenkryt;* en anglais, *hops;* en suédois, *humbla;* en hongrois, *komlo;* en danois, *handhumle;* en italien, *lupulo*, *lavertice;* en espagnol, *lupares*, *hombrecillos;* en latin, *humulus lupulus*.

Sexes. — Les anciens cultivateurs, admettant qu'il en était du houblon, quant aux sexes, comme du genièvre, donnaient à l'espèce qui ne porte pas de fruit, et croît ordinairement dans les haies et fossés, le nom de *humulus masc.*, en allemand *nessel-trodel-wilder-hengst-hopfen, hopfen-maenchen*, ou seulement *hopfen*.

Ils donnaient à l'espèce portant fruit le nom de *humulus fœmina*, en allemand *hopfen-weibchen ;* et, par suite de la même opinion, lorsqu'un pied de houblon réputé mâle s'élevait dans une houblonnière, il y était conservé et soigné à l'égal du houblon à fruit réputé femelle, en considération du rôle indispensable qu'on le supposait jouer dans la fécondation.

Plus tard, et à la suite de l'expérience, il fut admis par les cultivateurs que le houblon dont le sarment, dans un bon terrain, atteint, en moins de cinq mois, un développement si considérable, n'avait pas réellement de caractères sexuels divisant les individus, et que le houblon jusqu'alors considéré comme mâle ne restait indéfiniment improductif qu'à raison de sa croissance dans un terrain trop maigre et à défaut de culture, qu'en lui donnant de bonne terre ou de l'engrais et les soins convenables on pouvait, au bout d'un an ou deux, le rendre productif; on reconnut également que le houblon supposé femelle n'en produisait pas moins de beaux fruits et des semences fécondes, alors même qu'il n'existait pas de houblon mâle dans le voisinage.

Beaucoup d'auteurs admettent aujourd'hui l'opinion des anciens cultivateurs. N'ayant pas la prétention de faire ici un traité spécial de botanique, et voulant me borner strictement aux limites de mes facultés, en offrant quelques conseils de pratique à nos nouveaux cultivateurs, auxquels il importe bien plus, sans doute, d'être consciencieusement et clairement guidés dans leurs travaux, qu'embarrassés dans des questions scientifiques et sans importance réelle pour eux, j'abandonne absolument ce point de discussion.

Espèces. — Quoi qu'il en soit donc du préjugé ou de la réalité des différences sexuelles et des découvertes de la science moderne à cet égard, dans la pratique, on distingue plusieurs espèces de houblon qui se reconnaissent au moyen de caractères que je vais chercher à décrire de mon mieux, non d'après mes propres observations, auxquelles je n'oserais encore accorder assez de confiance, mais en m'appuyant de celles d'un praticien allemand dont les études m'ont paru les plus consciencieuses.

Houblon rouge. — La première espèce, le houblon rouge, se développe au commencement d'avril et présente des sarmens forts, rudes, à six côtes prononcées, armés de vrilles vigoureuses, d'une couleur rouge brun qui, dans les très bonnes terres, devient violette vers le mois de juin.

Ses feuilles, d'un vert foncé, sont de la grandeur de la main, rudes et barbues, un peu moins foncées en dessous; la partie inférieure de leurs tiges est armée de petits crochets, dirigés en arrière, mais peu résistans; les feuilles de la région inferieure sont à cinq lobes, celles de la région supérieure à trois, l'ouverture entre les lobes est peu profonde; leurs pointes sont émoussées ou un peu arrondies; les petites feuilles sont en cœur.

Les fleurs se développent à la fin de juillet ou dès les premiers jours d'août; elles sortent des aisselles, soit une à une, soit deux à deux, sous la forme d'un petit faisceau, ou huppe, de filamens blancs fins et directement alongés; les tiges des fleurs solitaires sont longues d'un pouce environ, rudes et d'un vert jaunâtre; celles des fleurs jumelles sont plus courtes et plus fortes que dans les autres espèces.

Le fruit se forme, ou, si l'on veut, la fleur devient fruit à la fin de la première quinzaine d'août; les cônes sont alongés, à quatre côtés et à deux faces comprimées, ovales, arrondis vers le bout, d'un pouce et demi de long, d'un vert jaunâtre; la tige est forte et chargée de poussière, les folioles tranchantes, plus lancéolées qu'ovales, tendres et d'un vert jaunâtre.

La maturité arrive avant ou avec la fin d'août, et la forme du fruit reste la même; il s'ouvre aussitôt que la maturité est complète. A l'instant de la maturité le plus opportun pour la récolte, le fruit est presque jaune; aussitôt après cet instant, l'extrémité des folioles se teint en brun : la moindre secousse fait alors répandre une certaine portion de la sécrétion contenue dans les cônes.

Cette poussière aromatique est assez fine, grasse, jaune d'or, ou jaune citron, dans les terrains riches et meubles ; dans les terrains aigres et lourds, elle est rougeâtre, moins fine, mais également grasse.

Les graines sont grandes, dures, brun noirâtre, ou bien, molles, vertes et grises : les premières sont reproductives, les dernières sont presque toujours stériles ; les unes et les autres se trouvent ensemble dans les mêmes cônes.

L'odeur est agréable, quoique prononcée et d'un arôme indiquant l'amertume, sans acidité et sans piquant; l'acidité ou le piquant est l'indice d'un mauvais terrain ou d'un état maladif de la plante.

On croit cette espèce plus exposée aux ravages des insectes, plus délicate, quant aux effets des gelées et de l'humidité, et plus sujette aux maladies ; elle réussit cependant généralement, et ses produits sont des plus estimés.

Houblon vert franc. — La seconde espèce, le houblon vert franc, se développe une huitaine de jours plus tard que le rouge; ses sarmens sont moins forts, ainsi que ses vrilles; sa tige est moins rude et cannelée d'une manière moins prononcée, d'un vert franc.

Les feuilles sont plus petites, plus lisses, à nervures moins saillantes, vert franc, plus claires en dessous qu'en dessus, à trois lobes, plus profondément entaillées; les pointes plus elliptiques et plus longues; les tiges faibles et longues de quatre à cinq pouces.

La floraison, comme le développement, est d'une dizaine de jours plus tardive; les fleurs sortent des aisselles par grappes ou bouquets de quatre à six; elles sont composées de filamens plus forts, plus courts, plus serrés, réunis en forme de pinceau, et d'une couleur rosée; les tiges sont vertes, courtes et lisses.

La formation du fruit a lieu dans la dernière quinzaine d'août; les cônes sont de forme ovaire et presque sphérique vers la base, de couleur verte, plus petits et moins serrés que ceux du houblon rouge; les tiges courtes, minces, lisses et vertes; les folioles plus solides et ovales.

La maturité a lieu dès les premiers jours de septembre; le fruit reste plus compacte et s'ouvre moins au dernier degré de maturité; plus le terrain est riche et meuble, plus les cônes sont alongés, mais conservant toujours la forme ovaire; leur couleur est vert clair; la récolte doit être faite avant que l'extrémité des folioles brunisse.

La poussière est jaune safran, fine dans les bons terrains, plus grosse et plus colorée dans les terrains aigres; les graines sont plus souvent improductives.

L'arôme laisse percer un goût de soufre et d'ail

d'autant plus prononcé que le terrain est plus maigre.

Moins difficile sur le sol et les circonstances atmosphériques, il se rapproche, avec une bonne culture et plus de soins, des qualités du houblon rouge; il produit davantage, et conserve un peu plus de poids à la dessiccation; il est, en général, plus robuste, et résiste mieux aux insectes.

Houblon vert clair. — La troisième espèce, le houblon vert clair, ou vert blanchâtre, aussi appelé houblon blanc, se développe après le rouge et avant le vert franc; ses sarmens sont plus forts que ceux du houblon vert, cannelés, plus clairs de couleur et armés de vrilles moins fortes.

Les feuilles sont de la taille de celles du houblon rouge, plus lisses, plus entaillées, attachées à des tiges plus longues et plus faibles, d'un vert pâle en dessus et plus pâle encore en dessous.

Les fleurs sont verticillées, en grappes, courtes, rougeâtres et brunes à l'extrémité, formant un fort pinceau; leurs tiges sont courtes, grêles, lisses et vertes.

La transformation a lieu peu de temps après celle du houblon rouge; mais elle s'opère plus promptement; le fruit de cette espèce est le plus grand, il est plus carré, en forme de pomme de pin; les folioles plus épaisses, plus alongées et plus pointues, d'un vert pâle; les tiges fortes, et d'un pouce à un pouce et demi de long.

La maturité a lieu en même temps que celle du houblon rouge, et souvent même plus tôt; les cônes s'ouvrent très facilement dès que la maturité est prononcée et qu'on leur a laissé le temps de jaunir un peu.

La poussière est d'un jaune foncé, un peu grosse et pas tout à fait aussi abondante que dans les espèces précédentes.

Les graines sont grandes et multipliées; elles sont assez généralement productives.

Le goût d'ail est moins prononcé dans l'arôme, qui diffère d'ailleurs très peu de celui du houblon vert franc.

Le produit en cônes est plus abondant; mais ils perdent plus en poids, à la dessiccation, que ceux des espèces précédentes.

L'espèce est beaucoup plus rustique et plus communément cultivée en Angleterre et dans le nord de l'Allemagne, dont elle supporte mieux le climat.

Il existe encore plusieurs variétés, qui s'éloignent peu sensiblement de ces trois espèces principales, soit par leurs caractères, soit par la proportion de quantité de leurs produits, mais qui sont néanmoins inférieures et assez peu généralement cultivées, pour qu'il n'ait pas paru nécessaire d'en ajouter ici la description.

Parmi les houblons dits des prés, ou sauvages, qui ne sont pas des variétés, mais seulement des sujets abâtardis, par le défaut de culture et d'engrais, on rencontre de bonnes espèces à fruit, qu'avec des soins on peut faire revenir en peu de temps à l'état de houblons cultivés, de même que le plus beau houblon cultivé, abandonné à lui-même, et privé d'engrais, redevient, en peu de temps, houblon sauvage.

Établissement d'une houblonnière. — Pour l'établissement d'une houblonnière, dans le midi de la France, le houblon rouge, dans le nord et dans l'est, l'espèce vert franc, mûrissant d'assez bonne heure, ou l'espèce vert clair, améliorée par une bonne culture, sont celles auxquelles on doit donner la préférence, parce qu'elles fleurissent assez tôt et ont assez de temps pour arriver à maturité en bonne saison.

En général, plus tôt la floraison a lieu, plus le houblon peut avoir de beau temps pour arriver à une bonne maturité, plus les fruits contiennent d'huile essentielle et de poudre aromatique.

Exposition. — L'air et la chaleur sont les principales conditions de la prospérité du houblon; il faut, par conséquent, choisir, autant que possible, pour l'établissement d'une houblonnière, un terrain bien exposé au soleil du matin et du midi, et qui puisse en être convenablement échauffé.

Il faut tenir les houblonnières à une certaine distance des forêts, qui les privent d'air, et surtout ne jamais les rapprocher assez des grands arbres pour que les gouttes de pluie ou de rosée amassées sur les feuilles de ces arbres puissent tomber sur les plants.

Cependant des forêts, des coteaux, des rangées d'arbres, placés à une distance telle, qu'ils ne fassent que garantir la houblonnière des vents trop violens ou trop froids, sont une protection précieuse pour sa prospérité.

Toutes les propriétés rurales ne présentent pas des localités complètement appropriées à la culture du houblon, et il faut souvent savoir s'accommoder de celles qui existent; l'intelligence du propriétaire peut, presque toujours, atténuer les inconvéniens, et augmenter les avantages de ses conditions de localités, en donnant à telle pièce de terre l'abri qui lui manque, ou en écartant tel ou tel nuisible voisinage.

Sol. — On regarde, comme le fonds le plus favorable à la culture du houblon, une terre profonde, noire, grasse, en même temps légère et habituellement sèche; mais il est extrêmement rare de trouver toutes ces conditions réunies. On suppose, à tort, qu'à défaut de ces conditions, le houblon préfère les terrains argileux, assez rarement profonds, aux terrains sablonneux, qui le sont plus souvent; il en croît cependant de fort beau dans cette dernière espèce de terrains, et la culture du houblon est le moyen d'en tirer le plus grand produit qu'ils peuvent donner. Même dans des pâturages élevés et dans des landes, on parvient, avec des soins et des engrais plutôt appropriés qu'abondans, à obtenir des produits considérables en houblon.

Les terrains tout à fait ténus, lourds, froids, de roche, ou de marais, ou les terrains entourés de marais, sont les seuls dans lesquels il y ait folie à tenter cette culture, parce que, dans les uns, les racines du houblon ne peuvent s'étendre, et dans les autres elles pourrissent.

Préparation. — Le terrain destiné à la plantation du houblon doit être ameubli au moins une année d'avance ; le mieux est de le retourner, à la bêche, à une profondeur de trois pieds, au moins, en dirigeant le travail par tranchées et par couches, de deux à trois pieds d'ouverture, et d'un pied d'épaisseur, de manière que la couche supérieure prenne la place de la couche inférieure, et la couche intermédiaire la place de la couche supérieure.

Dans les terrains homogènes et naturellement meubles à une assez grande profondeur, on peut se contenter de défoncer au printemps, retourner et semer une céréale, ou, mieux, laisser en jachère.

En automne, on retourne de nouveau, mais à une moins grande profondeur, et même seulement à la charrue, mais toujours mieux à la bêche; on donne, autant que possible, au terrain une surface parfaitement unie, avec une pente générale suffisante pour l'écoulement des eaux pluviales.

Engrais. — Aussitôt que le terrain a été soumis assez long-temps aux influences de l'atmosphère pour achever de s'ameublir, on le couvre d'une fumure abondante, parce qu'il n'y a jamais de danger à trop fumer le houblon, et que son produit est toujours en rapport avec la quantité d'engrais qui lui a été donnée.

L'engrais doit être enfoui immédiatement, et aussi profondément que possible, et on laisse alors reposer la terre jusqu'au printemps suivant.

Vers la mi-avril, lorsque la terre commence à se réchauffer, on donne encore un profond labour, on passe la herse, et, au besoin, un rouleau léger, pour niveler, et, lorsqu'on n'a plus de fortes gelées à craindre, on plante le houblon.

Replants.—Les provins, boutures, ou replants, ne doivent pas, comme on le fait trop souvent, être pris sur des tiges latérales et grêles, mais choisis sur les plus fortes et les plus saines, et ils doivent porter au moins quatre yeux ou bourgeons. Plus ils sont forts, plus on peut en attendre des pieds vigoureux et productifs.

Des replants, élevés de bonne graine, semés sous couche, ou dans des pots, en mars, et repiqués en juin, peuvent donner, dès l'année suivante, une assez belle récolte. C'est peut-être le meilleur procédé et celui qui donne le plus de certitude d'obtenir uniformément l'espèce choisie. En prenant la graine dans des cônes de même espèce, bien mûrs, bien développés, en la triant avec soin, le résultat est assuré; tandis qu'on court des chances de fraude ou d'avarie, en achetant des replants, lorsqu'on n'a pas la garantie de la conscience et même de l'expérience du vendeur, ou lorsqu'on est obligé de les faire venir de loin.

Disposition. — La disposition des plants devant être parfaitement régulière, elle doit être tracée au cordeau, et la place de chaque pied marquée par un petit piquet. La distance d'un plant à un autre peut être plus ou moins grande, suivant la qualité de la terre, quelle que soit d'ailleurs la quantité d'engrais qu'on ait donnée en première mise, et qu'on puisse continuer à donner.

Espacement. — Quatre pieds dans un sens et six pieds dans l'autre, ou cinq pieds en tout sens, sont les distances presque toujours observées et au dessous desquelles il ne faut jamais rester.

Les houblons rouge et vert pâle demandent plus d'espace que les autres espèces, et on fait bien de leur donner cinq pieds dans un sens et six pieds dans l'autre.

Dans les conditions ordinaires, la disposition des plants en lignes parallèles aux grands côtés de la houblonnière est la plus généralement adoptée.

C'est au cultivateur à étudier et à bien peser ses conditions d'exposition, et à calculer s'il obtiendra plus d'air et plus de soleil pour ses plants, par la disposition en quinconce, que plusieurs auteurs recommandent, et à se déterminer sur un examen attentif de ses conditions. — Plus il procurera d'air et de soleil à ses plants, plus il augmentera l'importance et la qualité de ses produits.

Cette régularité de disposition de la houblonnière ne contribue pas seulement à lui donner un aspect agréable et symétrique, elle rend plus faciles les travaux à y exécuter, et doit favoriser, dans tous les sens, l'action de l'air et du soleil, si nécessaire, on ne saurait trop le répéter, à la prospérité de la plante.

Plantation. — Lorsque tous les petits piquets sont placés aux distances et dans les alignemens convenables, partout où il s'en trouve un, on fait, *avec les mains*, un trou, dont on retire trois ou quatre jointées de terre; on place les replants ou provins, qui doivent être de la grosseur d'un doigt et d'au moins quatre pouces de long, les yeux ou bourgeons en dessus, deux à deux, plus séparés vers le haut et se rapprochant vers le bas; on les appuie un peu fortement, et on les recouvre d'une quantité de bonne terre, meuble et légère, à peu près double de celle qu'on a retirée des trous; on donne une perche à chaque trou, et le travail de la plantation est terminé.

Les opérations suivantes étant à peu près les mêmes pour une houblonnière nouvelle et pour une houblonnière ancienne, il en sera parlé plus loin d'une manière générale, mais avec assez de détails pour bien diriger un cultivateur commençant.

Culture. — Il ne faut guère s'attendre à ce que la récolte d'une première année en couvre les frais; cela ne peut avoir lieu que rarement, et dans des localités où la main-d'œuvre, les engrais et les perches sont en même temps à très bon marché, et les houblons à un haut prix.

Pour s'indemniser de ce déficit ordinaire de la première année, on plante souvent, dans les intervalles, des choux, salades, pommes de terre ou haricots, auxquels le houblon, peu épais et peu élevé encore, laisse assez d'air et de soleil pour prospérer; mieux vaut encore, cependant, ne pas épuiser l'engrais de la houblonnière, en recherchant une compensation qui n'est qu'apparente, hors dans les très bons terrains, ou lorsque les engrais sont à très bas prix.

Il a été tenté un grand nombre d'expériences jusqu'à ce qu'on fût parvenu à un système de culture du houblon aussi avantageux et aussi productif que celui qui est aujourd'hui adopté par les cultivateurs les plus éclairés des pays producteurs.

Culture ancienne. — Au temps où écrivait Mathioli, au XVIe siècle, la plus grande récolte de houblon se faisait encore sur les haies et en houblon sauvage; une seule espèce de houblon cultivé, sous le nom de *lupulus sativus*, était l'objet de quelques soins encore peu éclairés, et donnait, sans doute, des produits bien inférieurs en qualité à ceux de la culture et des espèces actuelles.

On a d'abord planté les provins à trois pieds de distance seulement, en tout sens, et l'on donnait deux perches par butte. Suivant les écrits du temps, cette méthode a été suivie très long-temps, et on la regardait comme la plus parfaite qui pût être imaginée, si bien que l'on traitait naguère encore d'imprudens novateurs ceux qui lui trouvaient des défauts et tentaient de s'en écarter.

Les engrais aussi étaient donnés dans une bien plus petite mesure, et presque toujours sans discernement ou sans expérience des effets de telle ou telle nature d'engrais; la plante était sujette à un bien plus grand nombre d'accidens provenant du fait même des cultivateurs, et qu'on prenait pour des maladies. Les fumures ne revenaient que tous les six ans, ou, au plus souvent, tous les quatre ans, et ce ne fut qu'après un temps fort long qu'on en vint à considérer que le houblon, à raison de sa prompte croissance et de son grand développement, demandait plus d'engrais que toute autre plante.

Sous les rapports de l'espacement, du nombre et de la hauteur des perches, on resta aussi fort long-temps dans les mêmes routines. On croyait augmenter les bénéfices en multipliant le nombre des plants sur une même surface, tandis qu'on ne pouvait que diminuer ainsi un produit qui, dans de telles conditions et avec de pareils soins, ne pouvait que devenir plus maigre et de moindre valeur.

Les perches de vingt pieds étaient les plus hautes qu'on osât employer, et l'on traita d'extravagant le premier qui se hasarda à recommander l'emploi de perches d'une plus grande hauteur, parce qu'on était dans le préjugé de croire que le houblon ne commençait à pousser des rameaux à fruit qu'alors qu'après avoir pris toute sa croissance il était parvenu à dépasser la hauteur de la perche.

Dans ce préjugé, qui regardait le développement du houblon comme devant s'arrêter au moment de la formation des fruits, ou aussitôt après la floraison, on raisonnait ainsi : Si le pied, disait-on, avait à dépenser toute sa force végétative pour atteindre la hauteur d'une trop grande perche, ou s'il n'en avait pas assez pour pouvoir parvenir à la dépasser, cette force se trouvant épuisée, elle ne pourrait produire que d'autant moins de rameaux fructifères et d'autant moins de fruits.

Il ne vint en idée que beaucoup plus tard qu'on pouvait augmenter la hauteur des perches en élargissant leurs intervalles et en augmentant la proportion des engrais.

Progrès. Culture nouvelle. — Cependant, en examinant, avec une expérience plus judicieuse, toutes les données de la question, on arriva enfin à concevoir combien la culture du houblon pouvait être améliorée, et combien ses produits pouvaient être augmentés par une plus forte mesure d'engrais, d'espacement des plantes et de hauteur des perches : on fit des essais, et ils furent couronnés d'un plein succès.

Les cultivateurs sont néanmoins, aujourd'hui même encore, toujours disposés à diminuer la masse des engrais, et, dans beaucoup de localités, ne pouvant la produire, ils ne peuvent se décider à l'acheter, bien que l'expérience ne manque jamais de démontrer qu'elle est nécessaire à la plante, et que la proportion de ses produits diminue dans la proportion de la quantité moins grande d'engrais qui lui est donnée.

De là la loi, pour le cultivateur, de calculer l'importance de sa plantation en houblon, bien plutôt sur la quantité d'engrais qu'il est en état de lui donner, que sur l'étendue de terrain dont il peut disposer.

Il en est de même de l'espacement des plants; celui qui croit trouver plus de profit à le rétrécir en est immanquablement puni par la diminution de quantité et de qualité des produits : les dépenses de main-d'œuvre et de matériel augmentent, le produit diminue, et la qualité dégénère.

Beaucoup de bons engrais, beaucoup d'air et de soleil, telles sont les conditions sous lesquelles la plante résiste le mieux à tout ce qui peut contrarier sa prospérité, à l'un de ses plus redoutables ennemis, la nielle, et sous lesquelles on ne risque jamais la perte totale d'une récolte.

Taille. — Il est toujours à désirer que l'opération de la taille, la première à faire au printemps dans une houblonnière, puisse être faite le plus tôt possible, afin que les pieds puissent reprendre et se trouver en état de pousser et de développer plus vigoureusement leurs jets, dès que la température commence à devenir favorable. Mais, comme les circonstances atmosphériques des mêmes époques du printemps varient beaucoup d'une année à l'autre, on ne peut fixer rigoureusement à l'avance le moment annuel de cette opération.

Il faut donc généralement la faire dès que la terre est ce que les cultivateurs appellent ressuyée, et lorsqu'on n'a plus de fortes gelées à craindre.

A cette époque, on écarte des pieds, avec la houe à main, la terre et l'engrais qui les entourent, et on les découvre jusqu'à la racine principale, en apportant beaucoup de soin et d'attention à ne blesser ni racine, ni germe. Les replants et provins qui auront été couverts de bonne terre à la surface, et qui auront reçu un bon fonds d'engrais, se trouveront pourvus d'un très grand nombre de racines et porter un nombre à peu près égal de pousses ou germes, qu'il faut couper à un pouce ou deux tout au plus de la souche. Ces germes sont parfaitement blancs, de quatre jusqu'à huit pouces de long, semblables à de petites asperges; l'on peut en faire un légume très sain et de beaucoup de goût.

Les plants qui ont reçu moins d'engrais ont, à proportion, moins de racines et de germes, et ne peuvent pas supporter une taille aussi complète; il faut leur laisser deux des plus forts sarmens de l'année précédente, que l'on écourte jusqu'à deux yeux.

Une autre méthode, qui est plus à recommander, est celle de dégarnir le pied jusqu'à la tige principale, de couper soigneusement toutes les pousses et les racines latérales les plus voisines des pousses, de bien nettoyer le plant et de le recouvrir de terre. Le plant étant obligé de fournir de nouvelles pousses, les germes restent plus long-temps sous terre, et plus long-temps aussi à l'abri des gelées tardives et des pucerons, qui leur font, sans cela, beaucoup de mal, et retardent leur croissance, ce qui arrive presque toujours aux plants traités de toute autre manière.

Lorsque les chaleurs commencent à se faire sentir, les plants ainsi taillés poussent avec une vigueur extraordinaire, et acquièrent assez promptement une force telle, qu'ils ne craignent plus leurs premiers ennemis, les pucerons.

Cette opération est la condition essentielle d'une belle récolte, parce que la sève éprouve une sorte de distillation dépurative en passant à travers les nœuds formés par la taille, et que le fruit en devient plus fin et plus aromatique.

Perches. — Aussitôt après la taille, il faut donner les perches. Beaucoup de cultivateurs, tenant encore aux vieilles pratiques, ne donnent les perches que lorsque les jeunes sarmens ont une certaine longueur, et portent déjà un certain nombre de vrilles, afin de pouvoir choisir et diriger les plus forts; mais il vaut mieux encore donner les perches immédiatement après la taille, et soigner ensuite les plants, à mesure de leur pousse.

Il faut que les perches soient enfoncées profondément et bien chaussées, afin que le vent ne puisse pas les renverser, ce qui cause de grands dommages; il faut que chaque perche soit examinée à l'avance, pour que celles qui auraient déjà servi et dont la pointe serait pourrie ou affaiblie soient coupées de nouveau et retaillées en pointe.

La longueur la plus avantageuse à donner aux perches ne saurait se déterminer d'une manière générale et absolue, et doit, en grande partie, se régler sur la puissance productive du sol et sur la proportion des engrais. Lorsque l'engrais est largement donné, on ne doit pas craindre de donner des perches trop hautes; en donnant, dans ce cas, des perches trop courtes, on doit plutôt craindre de voir les bras des plantes se replier, retomber et redevenir sauvages.

Il tombe sous le sens que, lorsque le terrain est

maigre et l'engrais parcimonieusement donné, la plante ne peut atteindre une grande hauteur, qu'elle ne pousse que de courts rameaux, et ne peut porter que peu de fruits.

Des perches de trente pieds sont très souvent dépassées par des houblons soigneusement cultivés dans un terrain médiocrement fumé.

La disposition des perches est indiquée déjà par celle de la plantation : à six ou huit pouces du plant, et vers le couchant, on fait, avec un épieu en fer (pl. 4, fig. 11), un trou assez profond pour que la perche puisse y être fichée, de deux pieds au moins, avant de toucher au fond du trou, auquel il faut s'assurer qu'elle touche en effet, ce que l'on sent très facilement en la fichant.

Les trous doivent être faits bien verticalement, afin que les perches puissent être bien exactement dressées, et ne penchent d'aucun côté, ce qui permettrait aux rameaux les plus élevés des plantes de s'accrocher et de se mêler, et priverait les intervalles de l'action de l'air et du soleil.

Les perches placées, la terre doit être fortement damée dans un rayon de quelques pouces à l'entour, mais en ménageant le plant ; et, lorsqu'elles ont été bien placées, leurs alignemens et leur disposition doivent être exactement les mêmes que ceux qui ont été précédemment tracés au cordeau pour la plantation. Après une dizaine de jours, il est bon de revoir chaque perche, pour s'assurer qu'elle est restée bien dressée, et de la damer de nouveau, ce qui n'est guère praticable que lorsqu'on a donné les perches aussitôt après la plantation ou la première taille.

Les perches doivent avoir été préparées au temps ordinaire de la coupe des bois de l'espèce, et ébranchées d'assez près, afin qu'on puisse, lors de la récolte, les retirer facilement des sarmens qui les entourent, à peu près comme on tire une lame de son fourreau. De toutes les espèces de perches employées dans la culture du houblon, celles de pin passent pour les meilleures, parce que, plus rudes et présentant à des distances plus rapprochées des renflemens et de courts tronçons de branches, le houblon s'y attache et s'y soutient mieux; dans beaucoup de localités cependant, on préfère celles de sapin, comme plus légères et plus faciles à manier, et comme ayant une plus longue durée.

Fil de fer. — En Angleterre, on a tenté, depuis quelque temps, non sans une apparence de succès, et d'abord, seulement à raison de l'économie, l'emploi du fil de fer, pour remplacer celui des perches dans la culture du houblon, et, par ce moyen, de donner à la plante un développement horizontal, et une disposition qui l'expose, superficiellement étalé, à l'action de l'air et du soleil.

On cherche aujourd'hui, en France, à faire

prévaloir ce procédé, et on invoque en sa faveur, outre l'argument de l'économie, la propriété particulière au houblon d'être plus impressionnable que toute autre plante à l'influence de l'électricité; on soutient que plus le houblon peut être chargé de fluide électrique, plus il est en condition favorable de prospérité et de développement.

Il est vrai qu'on voit le houblon dans un état de surexcitation végétative, lorsque, dans l'été, l'air est chargé d'une grande quantité d'électricité, et que c'est la phase de la saison pendant laquelle son développement fait les progrès les plus sensibles; mais, s'il peut être bon, sous le climat brumeux de l'Angleterre, de favoriser cette surexcitation, en attirant à un contact immédiat avec la plante, au moyen d'un conducteur métallique, une plus grande quantité de fluide électrique, sous un climat dont l'atmosphère est habituellement moins humide et moins lourde, et où la quantité de fluide électrique ambiant est ordinairement suffisante, ce moyen de surexcitation devrait avoir, presque constamment, pour résultat d'énerver la plante et de détruire l'équilibre entre les divers principes de sa sustentation et de son développement.

Les résultats avantageux de ce procédé ne sont pas encore bien constatés, même en Angleterre: on n'y saurait prouver, par l'expérience, que son emploi n'abrège pas, comme il y a tout lieu de le supposer, l'existence du plant auquel il est appliqué; tandis que des inconvéniens graves y sont reconnus déjà, et particulièrement ceux d'un travail plus difficile dans la houblonnière et de la nécessité de faire la cueillette sur place.

Ce me paraît donc un sage conseil à donner à nos cultivateurs que celui de retarder l'imitation de ce procédé, jusqu'à ce qu'une plus longue expérience ait permis d'en apprécier avec plus de certitude les avantages et les inconvéniens.

Aucun des prôneurs du nouveau procédé n'a, d'ailleurs, encore produit de calculs irréprochables sur les prix et la durée comparés des fils de fer et des perches, en France, et sur le revient à en résulter.

Liage. — Lorsque les rameaux du houblon sont assez longs pour qu'on puisse leur faire faire une fois le tour de la perche, on commence à les lier.

Provignage. — Quelques cultivateurs ont essayé, avant d'attacher pour la première fois leur houblon, de lui faire subir une espèce de provignage, dont ils prônent les bons effets. Lorsque les premiers rameaux ont atteint une longueur de quatre pieds environ, on leur fait faire, dans une rigole de quatre à cinq pouces de profondeur, un détour de deux à trois pieds, qu'on couvre de bonne terre, et on ramène les rameaux vers la perche, après quoi on les attache; ces provins poussent de nouvelles racines, la plante prend une plus grande activité de végétation et porte une plus grande quantité de fruits.

Ce procédé de provignage est le meilleur pour remplacer, la seconde année, et même dès la première, les plants qui n'ont pas réussi ; on provigne, d'une perche à l'autre, des rameaux assez longs pour y atteindre, ou auxquels on laisse prendre ce développement.

Seconde taille. — Chaque butte ne doit recevoir qu'une seule perche, et chaque perche ne doit porter que deux, ou, tout au plus, trois tiges, qu'on choisit parmi les plus belles de celles que le plant a produites. On en laisse encore, provisoirement, deux autres, aussi des plus belles, pour remplacer, au moyen du provignage, celles des premières qui viendraient à manquer par une cause quelconque. Après une quinzaine de jours, et lorsqu'on est assuré de la croissance du nombre de jets voulu pour chaque perche, on coupe également ceux qui avaient été provisoirement conservés.

Continuation du liage. — On lie les deux ou trois tiges à la perche avec du petit jonc, ou avec de la paille d'orge amollie dans l'eau, opération qui doit être faite délicatement et avec soin, à laquelle, surtout, il ne faut travailler, ni le matin de bonne heure, ni après la pluie, mais seulement lorsqu'un certain degré de chaleur a donné du liant à la plante. En même temps, on effeuille les tiges jusqu'à deux pieds de terre environ.

Binage. — On donne, aussitôt après, un binage à la houe, faisant en sorte de choisir, autant que possible, un jour de beau temps et de soleil, afin que les plantes parasites soient promptement fanées et desséchées; on emploie des houes ou binettes un peu longues et étroites (pl. 4, fig. 10), et on attaque la terre aussi profondément qu'on le peut, sans blesser les pieds ou les provins du houblon, qui ne doivent être séparés de leur mère-souche que lorsqu'ils sont assez forts. Le mouvement du binage doit être dirigé de manière à rassembler une petite butte autour de chaque pied, laissant toujours la perche en dehors de la butte.

Le houblon, au contraire de beaucoup d'autres plantes grimpantes, s'élève en serpentant, *de gauche à droite*, autour de la perche, et il faut bien se garder de contrarier cette marche; il faut aussi prendre bien garde de ne pas l'attacher trop serré, et enfin de ne pas laisser passer ou se croiser les tiges l'une par dessus l'autre. Dans les deux derniers cas, les conduits de sève et les pores de la plante sont resserrés, et sa croissance, qu'il importe de rendre aussi prompte que possible, est ralentie. Comme je l'ai déjà dit, il est dangereux aussi de travailler à attacher le houblon aussitôt après une pluie, ou dès le matin, parce que l'extrémité la plus déliée des tiges est alors très engorgée de sève et extrêmement cassante.

Effeuillage. — Aussi long-temps que les pieds sont encore petits, les feuilles y entretiennent la fraîcheur, et favorisent la croissance ; mais, dès que le feuillage devient touffu et que la plante commence à s'élever, il faut la décharger d'un fardeau inutile, il faut effeuiller.

Beaucoup de cultivateurs se contentent d'arracher les feuilles; mais cette pratique négligente et expéditive fait du tort à la plante, à laquelle des déchirures et des blessures irrégulières font perdre beaucoup de sève, et il vaut mieux procéder en coupant, soit avec une petite serpette bien tranchante, soit avec un sécateur approprié (pl. 3, fig. 8). Lorsqu'on se contente de casser, il faut du moins que ce ne soit pas en arrachant, mais en pinçant la tige des feuilles entre les ongles, vers la moitié de sa longueur.

Suppression des rameaux, etc. — On supprime de la même manière et avec les mêmes soins les petits rameaux, les vrilles et tiges à fleur qui sortent des aiselles, entre la tige principale et les feuilles, bien entendu qu'on n'a pas enlevé et qu'on n'enlève jamais la totalité de ces dernières.

On commence cette opération, qui exige une attention journalière, dès que les tiges ont trois pieds de haut, et on la continue, pendant la croissance de la plante, jusqu'à la hauteur d'une douzaine de pieds, au delà de laquelle on laisse subsister les rameaux et tiges à fleurs.

Lorsque la plante atteint une hauteur de huit à dix pieds, on reprend l'effeuillage, qu'on continue également jusqu'à une hauteur de dix, douze et jusqu'à quatorze pieds, suivant la vigueur des plantes. Dès qu'on ne peut plus atteindre à la hauteur du travail à exécuter, sans attirer à soi les tiges ou les rameaux, ce qu'il ne faut jamais faire, il faut se servir d'échelles doubles (pl. 4, fig. 9), afin de n'en jamais appuyer contre les perches.

La suppression partielle des feuilles et totale des rameaux inférieurs, loin d'être indifférente ou de pouvoir nuire à la plante, contribue à hâter sa croissance et à lui donner un plus grand développement, en réservant plus de sève à la partie conservée, et parce que les rameaux inférieurs sortant des aisselles des feuilles, restant d'ailleurs infructueux, ne peuvent qu'abâtardir, sauvager et énerver le plant. L'effeuillage produit également un effet très utile en favorisant l'action de l'air et du soleil, et en augmentant ainsi la puissance fructifère de la plante.

L'avantage de ces opérations peut s'apprécier par la comparaison du houblon à la vigne, avec laquelle il a une infinité de rapports, et aux arbres fruitiers, dont la taille rend les produits plus beaux et plus savoureux.

On peut, d'ailleurs, observer aisément que les fruits que le houblon produit à sa cime, où ils reçoivent plus largement les influences de l'air et du soleil, sont plus beaux et meilleurs que ceux qu'il produit plus bas et au milieu de ses feuilles et de ses rameaux. On peut observer encore que les fleurs qui s'épanouissent à l'ombre et sous les feuilles restent stériles, ou que, si elles se transforment en fruits, ces fruits moisissent très facilement.

Continuation du liage. — Il faut continuer toujours, avec le même soin, à attacher les tiges à mesure qu'elles s'alongent, et surveiller attentivement la bonne direction de leur spirale (de gauche à droite) autour de la perche; autrement, les plants venant à se charger de fruits, toute la masse pourrait s'affaisser et glisser, en redescendant, le long de la perche, ce qui causerait, sinon la perte totale de la récolte du plant, du moins un dommage considérable.

Ce soin est surtout très important dans les houblonnières fortement fumées, parce que la tige, grosse comme le petit doigt à sa base, devient beaucoup plus grosse à la partie moyenne de son développement, et que, lorsqu'elle est très vigoureuse, elle croît alors contrairement à sa nature, tout droit, verticalement, sans contourner la perche, et qu'il faut lui faire reprendre le plus tôt possible la marche régulièrement spirale qu'elle doit suivre, parce que, si on négligeait ce soin, son poids l'entraînerait bientôt loin de la perche, et, au moindre vent, le pied serait perdu.

On a peine à se rendre raison de la promptitude de croissance du houblon, lorsqu'il est bien conduit. C'est pendant les nuits chaudes de l'été, surtout lorsque l'air est lourd et l'horizon chargé de nuages orageux, que cette croissance peut se mesurer facilement, le matin, aux perches qu'on a marquées le soir. En temps frais, la croissance du houblon est de trois à quatre pouces par vingt-quatre heures; par un temps chaud et lourd, elle dépasse six lignes par heure, et, au moyen d'une loupe bien disposée, on pourrait, à la rigueur, observer la marche de cette croissance, presque comme on voit celle de l'aiguille d'une montre.

Lorsque les plants ont atteint vingt à vingt-cinq pieds, il n'est plus guère possible et il n'est plus nécessaire d'attacher; à cette hauteur, les perches deviennent assez minces, et les rameaux s'attachent d'eux-mêmes assez fortement, pour pouvoir se soutenir.

Les rameaux qui se forment à une hauteur de douze pieds, hauteur à laquelle on a ordinairement cessé de les supprimer, se développent et deviennent rameaux à fruit, atteignent une longueur de six à dix pieds, et pendent assez souvent jusqu'à terre. A mesure qu'ils naissent à une plus grande hauteur, ils atteignent une longueur moindre, et l'ensemble d'un plant forme une pyramide de huit à dix pieds de diamètre inférieur, se terminant presque en pointe au sommet.

Du milieu à la fin de juillet, on coupe encore, et jusqu'à la hauteur de six à huit pieds, les plus grandes feuilles; il est inutile de continuer alors cette opération à une plus grande hauteur, parce que, au delà, la grandeur et l'inconvénient des feuilles diminuent.

Second et troisième binages. — A la même époque, on donne ordinairement le second binage. Les planteurs les plus soigneux donnent trois binages au lieu de deux; dans ce cas, le premier binage a lieu dès que tous les plants, ou du moins le plus grand nombre, sont, pour la première fois, liés aux perches; le second, vers la Saint-Jean, du 20 au 30 juin; et le troisième, lorsque le houblon commence à fleurir, du 1er au 10 août; à chaque fois, on remue aussi les buttes et on les agrandit.

Cultures intercalées. — Beaucoup de planteurs cultivent des légumes dans les intervalles des plants de houblon, croyant augmenter le produit d'une terre à laquelle ils sont obligés de donner beaucoup d'engrais. Les produits qui résultent de cette culture, qui gêne les travaux à faire dans la houblonnière, fussent-ils considérables, ne sauraient compenser la diminution qu'elle cause aux produits du houblon, auquel il importe de donner, en augmentant successivement le volume des buttes, de la terre reposée et bien chargée d'humus. D'ailleurs, la présence d'autres plantes dans les intervalles du houblon y attire naturellement des insectes, qui y trouvent des abris pour se multiplier, et qui peuvent causer ensuite une perte plus considérable, sur la récolte du houblon même, que la valeur de la culture ainsi intercalée.

Maturité. Récolte. — Il importe, surtout, que la récolte soit faite au moment le plus opportun; ce moment est celui où les cônes, auxquels on donne encore assez indifféremment les noms d'ombelles, de fleurs ou de fruits, sont arrivés à leur presque complète maturité, commencent à prendre une teinte jaunâtre, où les extrémités des folioles se teignent d'une couleur plus prononcée, ou rougeâtre, et avant l'entier épanouissement.

Lorsqu'elle se fait trop tôt, les fruits n'étant pas encore assez mûrs, le produit n'a pas pu atteindre une bonne qualité, la sécrétion jaune, ou lupuline, n'a pas encore développé le degré de force aromatique qu'elle doit avoir.

Lorsqu'elle se fait trop tard, le fruit est devenu cassant, et a perdu en assez grande proportion la poussière et les graines qui constituent ses qualités aromatiques.

Dans les houblonnières d'espèce hâtive, on commence déjà la récolte vers le 25 août, et plus tard pour les autres espèces.

On reconnaît la maturité du houblon aux signes suivans (dont je crois devoir reproduire la description, sans craindre la redite, parce que je ne crois pas pouvoir indiquer ces signes d'une manière assez précise) : lorsque l'odeur herbacée fait place à une odeur aromatique prononcée ; lorsque les ombelles changent leur couleur blanchâtre en jaunâtre ; lorsque les cônes, un peu pressés dans la main, y font éprouver la sensation d'une certaine résistance, d'un faible degré de roideur à l'extrémité des folioles, et d'élasticité du cône dans son ensemble ; lorsque les graines deviennent jaunes, foncées et dures. Dès que ces signes deviennent assez prononcés, il n'y a plus de temps à perdre, et un ouragan ou un orage peut causer des pertes considérables.

Cueilli trop tôt, le houblon conserve une couleur terne verdâtre, qui change souvent en brun dans la dessiccation ; son arôme est plus faible, et les cônes perdent beaucoup plus en poids à la dessiccation. Le houblon cueilli à point, perdant trois cinquièmes à la dessiccation, le houblon cueilli prématurément perdra quatre cinquièmes au moins.

Le houblon, cueilli à point et broyé dans la main, doit exhaler une odeur aromatique prononcée, et ne laisser dans la main aucune humidité, mais, au contraire, une sorte de gluant résineux, que les brasseurs appellent graisse.

On coupe les tiges à un pied de terre ; celles desquelles on veut prendre plus tard des boutures, on ne les coupe qu'à trois pieds, et on leur fait un nœud, soit en les réunissant, soit isolément.

On commence la récolte par les plants dont les fruits sont les plus mûrs, afin de laisser aux autres le temps d'atteindre le degré de maturité convenable. Dès qu'on a coupé cent ou un certain nombre de pieds, on arrache les perches avec leur charge, en employant divers procédés, dont le plus mauvais est de les ébranler pour les déchausser.

Instrumens. — On a imaginé, pour cette opération, dans les pays où la culture du houblon est plus généralement répandue, différens instrumens plus ou moins compliqués et plus ou moins bien appropriés. Je crois devoir recourir au dessin, pour donner une idée précise des plus usités et de leur manœuvre, et pour éviter une trop longue description.

La fig. 1, pl. 1, représente l'arrachement au moyen d'une perche en bois dur, faisant levier sur un chevalet, ayant, à son extrémité, une chaîne à crochet assez longue pour faire plusieurs fois le tour de la perche à arracher, et pour la serrer lorsque la pression a lieu à l'extrémité du levier ; cet instrument, le plus simple, est aussi le moins sûr ; les perches à houblon diminuant d'épaisseur dans le sens même de l'effort nécessaire pour les déchausser, il arrive très souvent que la chaîne glisse, et qu'il faut la replacer plusieurs fois avant de réussir à arracher la perche.

Pour remédier à cet inconvénient, on a imaginé (pl. 1, fig. 2) de remplacer, à l'extrémité du levier, la chaîne par une espèce de pince, en fer, dentée, à charnière, pouvant se serrer à volonté, au moyen d'une fiche et d'une barre de rappel percée de trous rapprochés.

Dans le même but, on a imaginé les longues pinces en bois, représentées par les fig. 3, 3 *bis* et 4, armées, à leurs faces intérieures et à l'endroit destiné à saisir la perche, d'une lame de fer dentée, pour empêcher l'instrument de glisser; ou seulement (pl. 2, fig. 5) une espèce de collier, en forme de fer à cheval, se fixant, par une vis de pression, à la perche, et au dessous duquel on applique un levier fourchu, à chevalet.

Ce dernier procédé m'a paru, jusqu'à présent, le meilleur et celui au moyen duquel le travail peut s'exécuter le plus promptement.

La fig. 6, pl. 2, représente un levier horizontal, à bras, dont l'usage doit être également bon, et offrant particulièrement l'avantage de pouvoir soulever la perche sans effort qui tende à la faire sortir de la ligne verticale.

De quelque instrument qu'on fasse usage, il

faut toujours qu'un homme, au moins, soit employé à maintenir la perche verticalement, et à l'empêcher de balancer pendant l'effort nécessaire pour l'arracher.

Après l'arrachement, il faut que la perche soit couchée lentement, et avec précaution, et surtout qu'elle ne reçoive pas une secousse en arrivant à terre, ou sur les chevalets qui doivent la recevoir : pour éviter cet inconvénient, tandis que l'ouvrier qui a maintenu la perche pendant l'effort nécessaire pour la déchausser l'incline lentement, il faut qu'un autre, armé d'une fourche assez longue, la reçoive et la soutienne, alors que son inclinaison, augmentant le poids dont elle est chargée, ne permettrait plus au premier de la retenir et de la poser doucement. La fig. 7, pl. 3, représente cette opération.

Les perches enlevées, avec le houblon qui les entoure, on les couche à terre sur de grandes toiles, on coupe au besoin les tiges de distance en distance, et on retire les perches. On charge la récolte, dans cet état, sur des chariots garnis de toiles, et on la rentre. Lorsqu'on peut charger le houblon dans les toiles mêmes sur lesquelles il a été retiré des perches, cela vaut mieux encore que tout autre moyen de chargement. On décharge avec précaution, et on dépose la récolte dans le lieu où doit se faire la cueillette du fruit, par couches légères et de deux pieds au plus d'épaisseur.

Cueillette. — Il importe beaucoup que la cueillette se fasse en peu de temps, parce que le houblon se fane très promptement; il faut, en conséquence, employer un nombre proportionné d'ouvriers. On peut se servir d'enfans de dix ans, et même plus jeunes, s'ils sont assez adroits. Ils mettent le fruit cueilli dans des paniers d'égale grandeur, dont on compte le nombre, et on les paie par panier.

Le poids du houblon sec étant, à peu de chose près, lorsqu'il a été cueilli à point, à celui du houblon au moment de la cueillette, comme un est à quatre, en pesant quelques paniers et en comptant le nombre de paniers cueillis, on peut calculer, à peu près, le poids qui restera à la totalité de la récolte après la dessiccation.

Dans quelques pays, et en Angleterre, par exemple, où l'on cueille avec moins de soin, pour gagner du temps, et où l'on emploie, dans le même but, des procédés artificiels de dessiccation, on fait la cueillette dans la houblonnière même; les perches, garnies de houblon, se couchent sur des chevalets, et les ouvriers se placent le long des perches pour cueillir. Ce procédé fait courir toutes les chances d'orage et de mauvais temps qui peuvent survenir, et il en résulte encore un autre inconvénient grave, celui de faire piétiner et serrer beaucoup le terrain de la houblonnière, inconvéniens qui sont inséparables de l'emploi du fil de fer substitué à celui des perches.

Aussitôt remplis, les paniers de fruit cueilli doivent être portés sur des greniers bien secs, et leur contenu répandu en couches très légères.

Quelques soins qu'on apporte aux différens maniemens du houblon, un certain nombre d'ombelles sont toujours arrachées et souvent foulées aux pieds dans le lieu où l'on fait la cueillette. Ce déchet doit être soigneusement ramassé, à la fin de chaque demi-journée de travail, et nettoyé, puis trié et assorti, suivant les qualités qu'il a pu conserver.

Il ne faut jamais souffrir que les ouvriers qui sont payés à la tâche commencent la cueillette, le matin, de trop bonne heure, surtout dans les temps de brouillard ou de pluie; il faut veiller attentivement à ce que les ombelles soient cueillies une à une, et non par grappes, que les queues soient complètement enlevées, et qu'il ne reste pas de feuilles parmi le fruit cueilli.

La présence des queues et des feuilles diminue la qualité et la valeur du houblon, parce qu'elle communique à la bière, quelle que soit d'ailleurs la bonne qualité du houblon, une saveur rude et désagréable.

Le houblon de Flandre, dans lequel on trouve ordinairement des tiges et des feuilles qui donnent de l'âpreté à la bière, est déprécié à cause de ce défaut de soin dans la cueillette.

Lorsque cette opération est faite négligemment,

la dépréciation du houblon peut aller jusqu'à 25 et 30 pour 100 de la valeur que sa qualité et des soins plus vigilans lui auraient assurée, tandis que la présence de tiges et de feuilles ne saurait en augmenter le poids d'un dixième seulement sans rendre le produit tout à fait invendable.

Dessication. — On a émis et soutenu, au sujet de la dessiccation du houblon, les opinions les plus opposées. Les uns prônent la dessiccation artificielle, au moyen de calorifères, tourailles, fours, appareils de différente nature ; les autres préfèrent la dessiccation naturelle, sur des claies ou des planchers, dans des locaux appropriés.

Dessiccation artificielle. — A l'appui de la dessiccation artificielle, on allègue la lenteur de la dessiccation naturelle, les inconvéniens résultant des circonstances atmosphériques, l'incertitude et la tardiveté du moment où il est possible de vendre ou de livrer; par suite, les chances de ne pas vendre avec les plus grands avantages possibles, et enfin la nécessité de locaux d'une grande étendue.

Contre ce procédé, on allègue la dessiccation presque toujours imparfaite, qu'on dit en être le résultat, tantôt en excès, tantôt en incomplet de siccité; que la siccité, momentanée et seulement apparente, n'est produite qu'aux dépens d'une certaine proportion de l'arôme, qu'un haut degré de température volatilise et fait évaporer; que la dessiccation artificielle entraîne, sinon instantanément, du moins par la suite, une altération de couleur et un retour d'humidité avec un principe de fermentation.

En Angleterre, la dessiccation se fait artificiellement au moyen de tourailles, et dans quelques heures cette opération est terminée; après quelques jours passés dans des chambres fermées, où le houblon reprend un peu de liant, il est ensaché.

Dans le Brunswick, on sèche à la fumée ou sur le sable; dans le premier procédé, on se sert de fourneaux dont la plaque supérieure est percée d'une infinité de petits trous et au dessus de laquelle le houblon est disposé par couches sur des claies; pour le second procédé, on se sert de plaques de tôle couvertes d'une couche de sable sur laquelle on place le houblon, et qu'on chauffe par dessous.

Dessiccation naturelle. — Quoi qu'il en soit, et à raison, sans doute, de l'état d'imperfection dans lequel se trouvent encore les appareils et les procédés de dessiccation artificielle, les données de l'expérience et l'opinion des consommateurs sont, quant à présent, encore en faveur de la dessiccation naturelle.

Comme je crois l'avoir déjà dit, il faut prendre garde que la récolte ne soit pas rentrée le matin de trop bonne heure et chargée de rosée; choisir, de préférence, une après-midi chaude et sèche, et profiter, en temps pluvieux, des moindres momens favorables.

Si l'on était absolument forcé de récolter par un temps humide, il serait d'autant plus important que la cueillette eût lieu le plus tôt possible, non pas dans la houblonnière, mais à couvert, et que les ombelles, aussitôt cueillies, fussent étendues à une seule couche d'épaisseur, parce que, dans ce cas, il se passe souvent plusieurs jours avant que le houblon soit ressuyé et fané.

Le houblon, rentré sans humidité, s'étend avec une espèce de râteau sans dents, ou avec le dos d'un râteau ordinaire, à trois couches, ou environ un pouce et demi d'épaisseur. Le lendemain, après-midi, on ouvre les volets du local, et on retourne les couches sans les augmenter d'épaisseur.

En général, il ne faut ouvrir et donner de l'air au houblon en dessiccation que pendant les heures de la journée où l'air est parfaitement sec ; il faut surtout éviter le brouillard.

On continue à retourner les couches, chaque jour, en prenant les mêmes précautions, quant à l'air extérieur, et à mesure que la dessiccation s'opère, on augmente l'épaisseur des couches jusqu'à près d'un pied.

Lorsque la dessiccation paraît complète, on fait des tas de deux jusqu'à quatre pieds de hauteur; pendant quinze jours à trois semaines encore, et tous les deux ou trois jours, on remue un peu le houblon, en introduisant une perche mince et lisse dans la base des tas, bien parallèlement au plancher, et en glissant dessus; on lève ensuite la perche horizontalement et en froissant le moins possible les ombelles.

Lorsqu'on s'aperçoit qu'un tas est disposé à s'échauffer, il faut aussitôt l'étendre de nouveau en couches minces, pour éviter une fermentation intérieure trop forte, qui donnerait aux ombelles une couleur rouge, sinon brune, communiquerait à l'arôme un goût âcre de roussi, et ferait perdre au houblon la plus grande partie de sa valeur.

Le local destiné à la dessiccation doit être sec, surtout les planchers, et il doit avoir, autant que possible, ses principales ouvertures au midi, parce que, vers la fin de la dessiccation surtout, il ne faut y laisser pénétrer que de l'air sec.

L'air humide ou brumeux, quand on est obligé d'en donner à une récolte en dessiccation, fait prendre aux ombelles une couleur brunâtre, et lui enlève l'aspect que recherchent les consommateurs. Cette couleur est, le plus souvent, sans influence réelle sur la qualité du houblon; mais elle en diminue toujours la valeur, parce que d'autres causes, et en particulier la nielle, produisent le même résultat, et que l'acheteur, voyant l'effet, n'a aucun moyen de reconnaître la cause.

Il faut donc, on ne saurait trop le répéter,

observer constamment et avec soin l'état de l'atmosphère, pendant toute la durée de la dessiccation, et se régler sur ces observations pour en hâter ou retarder les progrès, surtout pour augmenter ou diminuer l'épaisseur des couches.

Ensachement. — Il importe surtout de ne pas ensacher le houblon avant que sa dessiccation soit parfaite, et qu'il ait subi l'espèce de fermentation qui lui est propre, comme à la plupart des plantes herbacées, telles que le foin, le trèfle, etc.; ensaché auparavant, il pourrait fermenter dans les sacs, et s'avarier de manière à perdre toute sa valeur.

Fraude. — Quelques vendeurs ont tenté une fraude, consistant à asperger, au moment de l'ensacher, du houblon déjà parfaitement sec, afin d'en augmenter le poids; cette fraude ne peut guère réussir qu'une fois, et à la condition que la vente et l'expédition au loin suivent immédiatement l'ensachement; autrement, cette fraude porte avec elle une punition prompte et certaine, par la perte de valeur des houblons ainsi ensachés.

Siccité. — On reconnait que le houblon est arrivé au point convenable de siccité, quand les tiges des ombelles ne se laissent plus ployer et cassent facilement : avant cela, les parties extérieures des ombelles paraissent sèches; mais l'intérieur contient encore assez de sève humide pour déterminer la fermentation, si le houblon était ensaché dans cet état; enfin, l'expérience a démontré qu'il était toujours imprudent et dangereux d'ensacher avant la fin de novembre. Avant l'ensachement, mais seulement lorsque le houblon est extrêmement sec, on peut lui faire sentir, pendant un temps très court, l'impression d'une atmosphère humide, mais avec précaution ; l'ensachement se fait plus facilement, et les ombelles s'effeuillent moins.

Magasins. — Dans les pays où la culture du houblon est devenue une des branches importantes de l'économie rurale, on a construit des magasins longs et étroits, ayant un certain nombre de planchers superposés à la hauteur strictement nécessaire pour qu'un homme puisse se tenir debout entre deux. Aux parois latérales, sont des ouvertures également basses et alongées, disposées de manière à ne pas se trouver les unes vis à vis des autres, celles d'un côté en bas, celles de l'autre côté en haut de l'espace compris entre deux planchers, de manière à diriger les courans d'air, lorsqu'on en veut établir, de bas en haut, et diagonalement, dans chaque étage. Chaque plancher est percé d'une ouverture carrée, d'un pied et demi à deux pieds de côtés, de même dimension que celle d'un sac en toile forte et bien serrée, qui s'y applique, s'y fixe et repose par le fond sur le plancher immédiatement inférieur, disposition qui rend l'ensachement facile : on pousse le houblon dans les ouvertures, et on le dame ou on le foule avec les pieds, jusqu'à ce que les sacs en contiennent tout ce qu'il est possible d'y faire entrer.

Conservation. — Le houblon ensaché doit être gardé à l'abri de l'humidité, de l'air et du soleil. Pour le conserver au delà d'une année, avec toutes ses qualités, il faut ou doubler les sacs, auxquels il serait bon d'ajouter un enduit imperméable, ou bien encaisser le houblon au moyen d'une presse d'une grande puissance, pour prévenir absolument toute évaporation et tout contact d'humidité. Plusieurs procédés ont été indiqués, mais ont été jusqu'à présent reconnus, les uns imparfaits, les autres trop dispendieux.

On regarde généralement, dans le commerce, le houblon de deux ans comme moins bon que celui de l'année, ce qui est vrai lorsque tous les soins nécessaires n'ont pas été donnés à sa conservation ; dans le cas contraire, ses qualités sont égales, sinon sa valeur, et quelques brasseurs même ont cru reconnaître que son arôme était plus fort.

Qualités. — Le houblon de première qualité, qui a été cueilli à point et soigneusement séché à l'air, est d'un beau jaune tirant un peu sur le rouge vers la pointe des cônes et à l'extrémité des folioles; ses cônes sont entiers et lourds, ayant leur circonférence un peu aplatie ou déprimée; la poussière jaune y est pure, en grande quantité, et a conservé un arôme pénétrant, amer, mais sans rudesse et sans âpreté ; les cônes sont assez résistans à la pression, et, en les broyant entre les doigts, y déposent une matière gluante, résineuse.

Plus cette qualité de houblon, comme d'ailleurs toutes les autres, aura été comprimée et serrée à l'ensachement, plus long-temps elle conservera sa qualité aromatique, la compression devant toujours être assez forte pour empêcher, autant que possible, l'évaporation par le contact de l'air, et le déplacement de la poussière aromatique par le frottement.

Le houblon est de qualité plus ordinaire et moins recherché par les brasseurs, lorsqu'il est d'un jaune plus pâle et tirant sur le vert ; lorsque les cônes sont plus légers, moins entiers et s'effeuillent plus facilement, surtout lorsqu'ils contiennent une moins grande proportion de poussière aromatique. Les brasseurs ne se hasardent guère à employer cette qualité pour les brassins de conserve.

Le houblon est rejeté par les brasseurs, ou n'est acheté par eux qu'à vil prix, lorsqu'il présente ces défauts à un degré plus marqué ; lorsqu'il paraît avoir été séché par des procédés artificiels imparfaits, et ils le sont encore presque tous ; lorsque l'opération de la cueillette y a laissé des tiges et des feuilles, dont la présence donne toujours à la bière de l'âpreté et diminue la propriété du houblon de s'opposer à la fermentation acide du moût; lorsqu'enfin une couleur trop rembrunie de l'extrémité des folioles, ou même leur racornissement, leur fait préjuger que la récolte a été atteinte par la nielle ou par telle autre maladie.

Échauffement. Précaution. — Le cultivateur qui aura ensaché sa récolte pour la vente et qui n'en aura pas trouvé le placement fera bien d'imiter le procédé de conservation employé par les brasseurs pour les grandes provisions qu'ils font après la récolte. Ce procédé consiste à introduire dans chaque balle des baguettes minces, en bois dur, assez longues pour pénétrer jusqu'au centre de la balle. On retire de jour en jour une de ces baguettes, et l'on peut juger, par sa température, si le houblon s'échauffe et se dispose à entrer en fermentation; dès qu'on reconnaît cette disposition, on découd le sac dans toute sa longueur, par un des côtés; on divise le houblon par couches, dans l'intérieur du sac, sans l'éparpiller, et en ne lui donnant que l'air absolument nécessaire; la fermentation s'arrête dans trente-six à quarante-huit heures, et l'on recoud le sac aussi serré que possible.

Cette opération, exécutée avec précaution, ne fait rien perdre au houblon de ses qualités, et, à moins que le houblon n'ait été ensaché humide, ou incomplétement séché par un mauvais procédé artificiel, il n'est pas à craindre qu'il s'échauffe une seconde fois.

Conservation des perches. — Le placement des perches sous un hangar, aussitôt après la récolte, serait le plus efficace de tous les moyens de conservation; mais l'espace nécessaire et la dépense que ce moyen entraine y font généralement renoncer.

Le moyen le plus usité est de placer les perches en faisceaux, dans la houblonnière même, quand on n'a pas un petit terrain disponible à proximité. On lie ensemble, vers leur extrémité supérieure, trois perches, et on les dresse, en les séparant à leur extrémité inférieure, de manière à leur donner une inclinaison égale d'environ 55 degrés; on place les autres perches, jusqu'au nombre de cent cinquante à deux cents par faisceau, et on lie avec une corde de paille ou avec des sarmens du houblon même, les unes aux autres, un certain nombre des perches formant la couche extérieure du faisceau, à environ trois pieds de terre.

De cette manière, les perches souffrent le moins possible, bien qu'exposées à l'air, de l'action de l'humidité, et les faisceaux résistent aux coups de vent les plus violens.

Un lien entourant la partie du faisceau où toutes les perches viennent se croiser par leurs extrémités supérieures est une bonne précaution que prennent quelques cultivateurs soigneux, mais qui, tout en garantissant mieux les faisceaux contre l'action des ouragans, favorise le séjour de la neige et de l'humidité à la partie supérieure des faisceaux, et peut nuire, de la sorte, à la conservation des perches.

La durée ordinaire des perches de pin est de trois à cinq ans, selon les soins qu'on leur donne; celle des perches de sapin est de cinq à sept ans. Les perches de pin valent généralement de 24 à 36 francs le cent, et les perches de sapin de 40 à 60 francs.

Engrais. — La croissance active et le développement considérable du houblon le rangent naturellement au nombre des plantes les plus épuisantes, et par conséquent aussi au nombre de celles qui rendent indispensable l'application d'une plus grande masse d'engrais, d'autant plus que la même plante étant destinée à occuper le même sol pendant un assez grand nombre d'années, la terre ne peut pas se reposer pendant toute la durée de cette culture.

La marne, mais en petite proportion et rarement, pour les terrains très légers et siliceux, et, en général, les déblais et gazons provenant du curage des fossés, les balayures des rues et des chemins, sont les engrais les plus appropriés, quand on peut se les procurer en assez grande abondance.

Viennent ensuite les os en poudre, les rognures de corne, les vieux cuirs découpés menu, les plumes, les chiffons de laine, le charbon animal revendu par les fabriques après avoir servi au raffinage du sucre, les poudres composées de matière fécale et de débris animaux ; ces derniers engrais à employer avec mélange de terreaux.

La chaux n'agit point comme engrais proprement dit ; son effet est de favoriser la dissolution et l'assimilation à la plante des engrais existans dans le sol ; son emploi doit donc être calculé sur cette donnée et sur la connaissance exacte des conditions du sol auquel il s'agit de l'appliquer, et cette application ne doit avoir lieu qu'avec mesure et précaution, surtout lorsque la terre contient encore, en forte proportion, des engrais anciens dont l'action pourrait être développée intempestivement ou avec trop d'énergie. De même que la marne, la chaux ayant d'ailleurs la propriété d'augmenter la ténuité du sol, son emploi doit être limité par l'exigence particulière du houblon sous le rapport de la perméabilité et de la légèreté du terrain.

Entre les fumiers d'étables, celui des bêtes à cornes est le seul généralement applicable, lorsqu'il est bien consommé. Le fumier de cheval et celui de mouton sont, sinon à proscrire absolument, du moins seulement à faire entrer, en très petite proportion et tout à fait consommés, dans des composts particulièrement destinés à des houblonnières placées, soit dans des terrains très froids, quoique meubles, qui se rencontrent rarement, soit dans des terrains de pur sable, comme ceux des environs de Haguenau, dans le Bas-Rhin, dont les produits en houblon rivalisent aujourd'hui avec les meilleurs produits de l'étranger.

L'automne est la saison la plus favorable à l'application des engrais; le printemps est la plus mauvaise, parce que le mélange des parties fertilisantes les plus solubles avec la terre n'a pas le temps de s'opérer, que la plante est obligée de sucer un humus imparfait et encore trop cru; que les racines et les pousses sont exposées par là à la pourriture; enfin, parce que les manipulations sont plus difficiles à cette époque, où la végétation est déjà commencée.

Pour que le moment le plus favorable puisse être saisi, les engrais doivent être préparés et amoncelés à l'avance à portée de la houblonnière, et, mieux encore, dans des fosses murées, disposées dans la houblonnière même, et en rapport de capacité avec son étendue.

La proportion de la masse de l'engrais à l'étendue superficielle de la houblonnière ne saurait être fixée arbitrairement ou d'une manière absolue; elle doit être calculée sur la nature du sol, sur la puissance de l'engrais en lui-même, et sur ses effets mécaniques, à raison de sa nature, sur l'ameublissement de la terre. En règle générale, l'engrais peut être donné en plus grande quantité, à proportion que les plants sont plus espacés ; le danger de l'excès de fumure, d'ailleurs assez rare, est d'autant plus grand, et la proportion d'action productive et salutaire l'est d'autant moins, que les plants sont moins espacés : en d'autres termes, l'engrais appliqué en forte proportion à des plants rapprochés produit moins de fruits, mais des sarmens plus gros et des feuilles plus grandes, et en plus grand nombre ; l'engrais appliqué, dans la même proportion, à des plants plus largement espacés, produit plus de fruits, des fruits meilleurs et plus aromatiques, et des sarmens plus déliés, des feuilles plus petites et en plus petit nombre.

Cette règle est, d'ailleurs, la conséquence d'une autre, qui la corrobore, et avec laquelle elle se combine nécessairement, c'est qu'il faut ménager, autant que possible, au houblon, l'action libre de l'air et du soleil, et le développement étendu de ses racines.

Quant aux préceptes particuliers à la distribution des engrais dans la houblonnière, les principaux se réduisent aux suivans : le fumier, quel qu'il soit, doit être enterré d'autant moins profondément, que le sol est plus perméable, et d'autant plus divisé, que le sol est plus ténu : les plants les plus faibles doivent être renforcés par une proportion plus considérable d'engrais, ainsi que les plants des lignes extérieures, dont il importe d'augmenter la vigueur, afin qu'ils puissent résister d'autant mieux aux intempéries de l'atmosphère et aux attaques des insectes venant du dehors, comme y étant plus exposés.

L'engrais, distribué plant par plant, ne doit pas cependant être mis en contact avec les racines; il doit en rester séparé, au contraire, par une couche de terre d'autant plus épaisse, que le sol est plus perméable et la filtration des sucs plus facile.

La théorie ne peut, sur ce sujet, fournir à la pratique que des données générales, que celle-ci doit étudier avec la plus grande attention, pour ne pas augmenter le mal qu'une faute commise entraîne à sa suite, et de la répétition de laquelle résulte un dommage toujours plus considérable et plus difficile à réparer.

Résidus. — Les tiges du houblon, soumises au rouissage, servent, dans plusieurs contrées, où sa culture est la plus répandue, à confectionner des liens très forts, une espèce de cordages, qui répondent à plusieurs usages de l'économie rurale.

Là où cette industrie paraît superflue ou n'a pas encore été tentée, les tiges sarmenteuses du houblon sont employées comme combustible, et font un excellent usage pour chauffer les fours. Leurs cendres sont équivalentes à celles de la vigne.

Les feuilles sont un fourrage très sain pour les vaches, qui en sont très avides; cette nourriture donne, au lait et au beurre, une saveur particulière et très agréable; il ne faut cependant pas la donner en trop grande quantité, et jamais lorsque les feuilles sont affectées de l'une des maladies du houblon, qui pourrait rendre cette nourriture malsaine ou dangereuse.

De même que les germes, qui s'enlèvent à la première taille du printemps, les pousses qui sortent des aisselles, entre les feuilles et les tiges, et qu'il faut supprimer jusqu'à une certaine hauteur, donnent un excellent légume, sain, léger, et d'un goût très fin, qui a beaucoup d'analogie avec celui de l'asperge.

Les pousses et surtout les germes, employés comme légumes, ont, d'ailleurs, bien qu'à un degré moins prononcé dans leur effet immédiat, les mêmes propriétés diurétiques et dépuratives que l'asperge.

Drèche fermentée. — La drèche, il est vrai, n'est pas un résidu du houblon employé dans la fabrication de la bière; mais l'extension de la consommation de la bière et de la culture du houblon est, pour l'économie rurale, un grand bienfait, par l'augmentation de la masse de ce précieux résidu du brassage, mise à la disposition des cultivateurs.

Tout le monde connait les avantages de la drèche employée à l'alimentation des bestiaux, et particulièrement des bêtes à cornes. Mais, en France, peu de cultivateurs, et même peu de brasseurs, connaissent un procédé au moyen duquel la drêche, mise en état de se conserver long-temps, peut et doit devenir un objet de consommation et de commerce, également important pour les uns et pour les autres.

Dans certaines brasseries d'outre-Rhin, et même d'Alsace, on prépare la drêche, pour sa conservation, par un procédé analogue à celui de la fabrication de la choucroûte.

On remplit de drêche bien écoulée des tonnes de la contenance de plusieurs hectolitres, par couches de six à huit pouces d'épaisseur, en jetant une ou deux poignées de sel sur chaque couche, suivant le diamètre des tonnes, jusqu'à un travers de main de leur ouverture; on place, sur la dernière couche, des planchettes, qu'on charge de grosses pierres, pour comprimer fortement la masse, et on remplit d'eau le vide restant au dessus. Une fermentation acide se développe en peu de temps, et se manifeste par des ébullitions, traversant la couche liquide, qu'il ne faut jamais laisser diminuer jusqu'à siccité, et qu'on peut augmenter, soit avec de l'eau salée, soit même avec de l'eau pure.

Ce procédé permet aux cultivateurs d'acheter, à la fois, des masses considérables de drêche, et de donner, pendant plusieurs mois, à leurs bestiaux, une des nourritures les plus saines et les plus profitables, et la drèche, ainsi macérée, est même meilleure que la drèche fraiche, surtout pour les bestiaux à l'engrais, dont elle aiguise et soutient plus long-temps l'appétit.

Un autre avantage résulte encore, pour le cultivateur, de la possibilité de prolonger la nourriture de ses bestiaux à la drèche fermentée; l'engrais qu'ils produisent acquiert, par l'action du sel, une énergie fertilisante beaucoup plus marquée.

Accidens. Maladies. Insectes. — Les causes de non-réussite du houblon sont ou constantes, ou accidentelles; les premières, qui consistent principalement dans les fautes du cultivateur, sont quelquefois irréparables; les dernières peuvent être, le plus souvent, détournées ou atténuées par une intelligente prévoyance.

Parmi les causes constantes, il faut ranger le mauvais choix de l'exposition, la mauvaise qualité du terrain, son excès de sécheresse ou d'humidité, lorsqu'il n'est pas possible d'y remédier; l'espacement trop resserré des plants, les cultures intercalées, l'ignorance des propriétés des différentes natures d'engrais.

Parmi les causes accidentelles, il faut ranger, bien qu'elle soit presque toujours du fait du cultivateur, la pourriture des racines, les gelées, la grêle, les ouragans, la nielle et les dégâts des insectes.

La pourriture des racines résulte, soit de l'humidité du sol, soit de l'application trop immédiate de l'engrais, soit enfin de l'âge des plants. — L'humidité du sol peut être diminuée par des saignées et par un buttage plus élevé, par la modification de la pente générale du terrain, par l'addition, selon les circonstances, d'étoffe calcaire ou siliceuse. — Il n'y a guère de remède à l'action trop immédiate du fumier, ou à celle d'un engrais trop frais ou trop actif; le mal est presque toujours consommé, alors qu'on en reconnait la cause. — Il n'y a de remède à la pourriture provenant de la vétusté des plants que leur renouvellement, et il vaut mieux se décider à un renouvellement total, que de se condamner à des récoltes incomplètes et mélangées de qualités différentes, qui ne paieraient plus des frais, qui restent les mêmes, s'ils n'augmentent.

Les effets des gelées, lorsqu'elles n'ont pas pour cause constante une mauvaise exposition, peuvent être atténués par une judicieuse observation des principes de la taille et le ralentissement ou l'accélération du mouvement de croissance au printemps. Il en est de même des effets du vent, dont des plantations d'arbres, à une certaine distance, peuvent garantir la houblonnière, et qui sont toujours d'autant moins désastreux, qu'il a été apporté plus de soin au placement des perches.

Les insectes sont les ennemis dont il est le plus

difficile et souvent impossible de préserver le houblon. Nos annales et nos journaux agricoles de tous les formats et de tous les prix sont remplis de recettes contre ces fléaux, données avec la plus grande assurance, mais qui n'ont encore réussi, que je sache, à aucun cultivateur.

L'espacement large des plants et les soins recommandés aux différentes périodes de leur développement sont les seuls préservatifs auxquels on puisse accorder quelque confiance.

Il est reconnu que les insectes, en général, recherchent les lieux où ils trouvent l'humidité nécessaire à leur conservation, des abris contre la pluie et le vent et sous lesquels ils peuvent cacher les différentes phases de leur multiplication et de leurs métamorphoses : les houblons peu espacés leur offrent ces avantages ; les houblonnières dont les plants sont plus éloignés et soigneusement effeuillés ne les leur offrent pas, et ils vont presque toujours chercher ailleurs un séjour qui leur convienne mieux, plus espacé et par conséquent plus vigoureux; les plants sont aussi plus résistans.

Le houblon a aussi son ennemi souterrain dans un ver qui s'attaque à sa racine ; les recettes données pour la destruction de ce ver n'ont pas été, jusqu'à présent, plus efficaces que celles contre la nielle et les insectes ailés ou rampans. Une attention particulière à la nature d'engrais qui peut favoriser sa multiplication, une étude soigneuse des conditions de terrain dans lesquelles il se rencontre plus souvent, sont aussi, sans doute, les meilleurs moyens de prévenir ses dégâts. Ils sont aussi d'autant plus dangereux et plus irréparables, que les plants sont plus vieux, ou que, plus rapprochés, leurs racines ont moins d'espace pour s'étendre et se fortifier.

Contre les insectes, comme contre le ver, le houblon largement espacé et bien fumé est toujours le plus résistant, parce que ses feuilles, comme ses racines, deviennent beaucoup plus et beaucoup plus tôt dures et ligneuses.

Le ver bouvier, *melolontha majalis*, les rats et surtout les petits mulots des champs, s'attaquent au pied et aux racines du houblon; ou bien ils font périr le plant, ou du moins ils le rendent malade. La présence du ver bouvier est le plus ordinairement, je le répète, la conséquence d'un engrais animal trop peu consommé et trop peu divisé; la présence des rats et des mulots est presque toujours la conséquence du choix d'un terrain trop ténu ou du défaut d'ameublissement de la terre, lors de la plantation, et du défaut de culture subséquente.

La puce de terre, *mordelle*, *altise*, est un des ennemis les plus dangereux du houblon; il l'attaque à la fin d'avril ou dans le courant de mai, lorsque les feuilles et les pousses sont encore très tendres. En parlant de la taille, j'ai déjà indiqué le meilleur préservatif contre les ravages de cet insecte; quant aux moyens de le détruire ou de l'éloigner, on a conseillé le plâtre; quelques essais ont réussi, d'autres ont augmenté le dommage. Une forte décoction de vieux houblon est indiquée encore comme moyen d'éloigner la puce de terre; on verse la décoction comme arrosement sur la butte du plant et même sur la tige; l'efficacité de ce moyen est attestée par les uns et contestée par les autres.

Les fourmis, et plusieurs espèces de mouches font beaucoup de mal au houblon. Dans les fortes pluies d'été, la nature a mis le remède à côté du mal.

La chrysomèle, la coccinelle, sont ennemies à la fois et amies du houblon, parce qu'elles font aussi la guerre aux pucerons. —Ces derniers, lorsqu'ils sont en grand nombre, à part le mal qu'ils font directement, sont regardés, dans quelques contrées, comme le pronostic d'une mauvaise saison pour le houblon. Si le pronostic n'est pas infaillible, les pucerons font courir au houblon le danger de sa plus incurable maladie, la rouille noire, ou le charbon.

La phalène du houblon, plusieurs espèces de chenilles, la phalène blanche, les guêpes et d'autres insectes encore font la guerre au houblon.

Une bonne culture, qui lui donne la force de supporter et de résister, l'échenillage et des soins assidus, sont les meilleurs préservatifs et les meilleurs remèdes.

Les maladies les plus ordinaires du houblon sont :

Le chancre, *krebs ;*

La jaunisse, *gelbe ;*

La nielle, le miellat, *honigthau, mehlthau ;*

Le charbon, *schwaerze, schwarze-rost ;*

La carie, le roussi, *fuchs, brandt, rothe lohe ;*

La rouille, *fresser, rothe-rost ;*

La chancissure, le moisi, *schimmel ;*

Le nœud, les excroissances, *kropf, gœlde seyn.*

Toutes les plaies faites au houblon, par des insectes, ou par une taille mal exécutée, ou par suite du défaut de soin dans le binage et le liage, peuvent avoir pour résultat les chancres, nœuds et excroissances. Ces maladies sont, le plus souvent, le fait du cultivateur, et peuvent être guéries par une taille nouvelle et judicieuse.

La nielle, le miellat, la jaunisse, sont les résultats de circonstances atmosphériques, à l'influence desquelles les houblons vigoureux et bien cultivés résistent mieux, et qui causent d'autant moins de dommage au cultivateur, qu'il a été moins avare de soins, d'engrais, et de travail.

Le charbon, la carie, la rouille, le moisi, sont le plus souvent, comme la pourriture des racines, la suite d'une application d'engrais mal approprié au sol, du défaut de culture du terrain, du défaut d'irrigation dans des temps trop secs, d'excès d'humidité du sol et du manque de saignées, nécessaires pour certains terrains, lorsque les racines peuvent atteindre un sous-sol glaiseux, ou dans telle autre circonstance, qu'il dépend presque toujours de l'intelligence et de l'activité du cultivateur d'atténuer.

Quant aux maladies en elles-mêmes, et une fois déclarées, elles sont à peu près incurables, pour l'année, et un effeuillage complet est le seul remède qui puisse, dans certains cas, sauver une partie de la récolte.

Durée et produit d'une houblonnière. — Cependant, quelque effrayante que paraisse, au premier coup d'œil, cette nomenclature d'ennemis et de maladies du houblon, le nombre des bonnes années, même pour un cultivateur médiocrement soigneux et intelligent, est toujours plus considérable que celui des mauvaises, et cette culture est plus productive que presque toutes les autres.

Une houblonnière bien établie est d'une durée moyenne de douze à quinze ans; avec des soins et une bonne culture, cette durée peut être portée à vingt ans; au delà de ce terme, le renouvellement est le meilleur remède aux maladies, plus fréquentes, et alors absolument incurables, qui réduisent la valeur des récoltes au dessous de celle des dépenses.

Amélioration du sol. — Si le terrain d'une houblonnière, alors qu'elle est arrivée au terme de sa durée, a consommé une grande masse d'engrais, il s'est aussi chargé d'une proportion considérable d'humus, et, comme le sol des forêts défrichées, il est susceptible de produire, pendant plusieurs années, des récoltes abondantes en céréales et en plantes de commerce.

Le cultivateur dans le cas de renouveler une houblonnière, qui pourra disposer d'un terrain nouveau, trouvera, dans le sol de l'ancienne, une richesse, une force productive qu'aucune culture, aucun système d'assolement n'auraient pu lui donner; et, cette fertilité, il ne tiendra qu'à lui de l'entretenir très long-temps, par quelques fumures, et de la renouveler enfin, en rendant de nouveau le même terrain à la culture du houblon.

Avantage sur les autres cultures. — Calcul fait sur une période de douze années, et compensation établie de toutes les chances, bonnes et mauvaises, pendant le même temps, le produit moyen annuel d'un hectare est de vingt-cinq quintaux de houblon par an, et le prix moyen du quintal, 140 francs.

En répartissant, sur le même nombre d'années, qui est la moyenne de plus courte durée d'une houblonnière bien établie, les frais d'établissement, les dépenses de culture, d'engrais, de récolte, de dessiccation, d'emballage, le renouvellement des perches, l'impôt et l'intérêt du capital foncier, le moindre résultat qu'on ait trouvé, dans tous les pays où il est cultivé, hors la France, en comparant les bénéfices de la culture du houblon à ceux de la culture des céréales et des plantes les plus productives des assolemens agricoles, est un avantage de trois et jusqu'à six et huit pour cent, en faveur du houblon.

Et, cependant, si de puissans encouragemens ont été accordés, par des gouvernemens sages, à une culture qui donne de pareils bénéfices, c'est que ces encouragemens n'en étaient pas moins nécessaires, indispensables; c'est que, sans ces encouragemens, cette culture n'en serait pas moins restée sans progrès; c'est que, de toutes les branches de l'exploitation rurale, la culture du houblon est celle qui exige les avances les plus considérables, le plus grand capital d'exploitation, et que le cultivateur de tous les pays a besoin d'être encouragé, excité, de se sentir soutenu, rassuré par des avantages palpables, dès qu'il s'agit de hasarder, dans son industrie, quelque chose de plus que sa peine et ses sueurs.

CONCLUSION.

Mais, quand bien même des encouragemens indispensables à cette branche d'industrie, encore si loin, chez nous, du développement qu'elle a atteint chez nos voisins, ne devraient pas procurer la même proportion de bénéfice aux planteurs français, ouvrir à la France une nouvelle source de richesse et de prospérité, l'affranchir de tributs énormes payés par elle à l'étranger, faire conquérir à la production d'immenses terrains encore stériles, donner un emploi utile à des milliers de bras sans travail, une application nouvelle à des forces productives encore inertes, augmenter l'aisance et le bien-être de la population agricole; quand bien même ils ne devraient avoir pour résultat que de diminuer le chiffre de la population ouvrière encore réduite à boire de l'eau, ce serait, certes, encore bien la peine d'étudier ces moyens d'encouragement et d'en tenter l'application.

En publiant ce résumé d'observations et de recherches consciencieuses, j'ai voulu indiquer, dans un cadre aussi resserré que possible, au Gouvernement, les élémens de cette étude, aux cultivateurs une application intéressante et productive des efforts de leur industrie; mon but était d'être utile : puissé-je l'avoir atteint!

FIN.

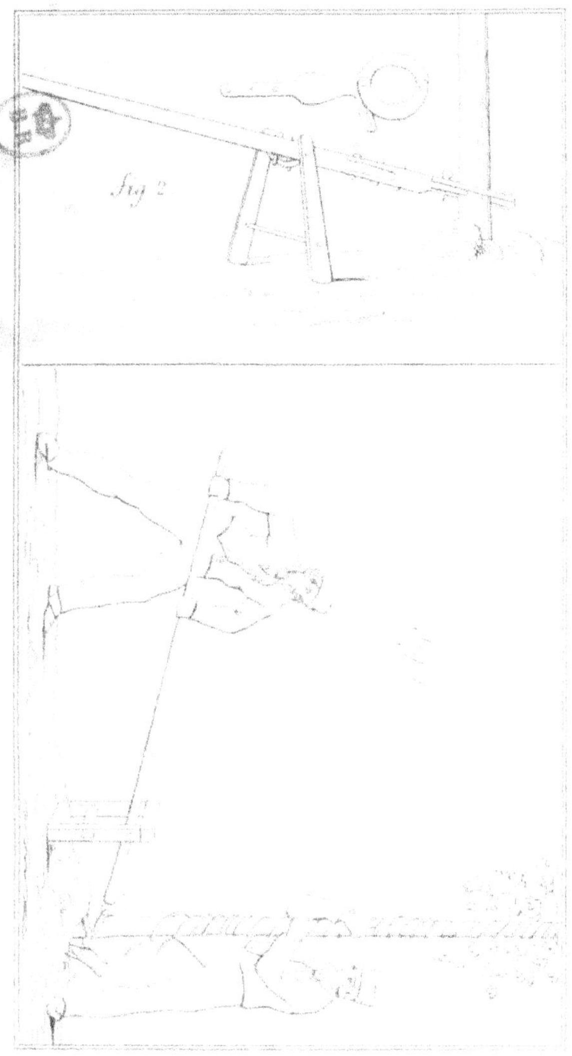
fig 2

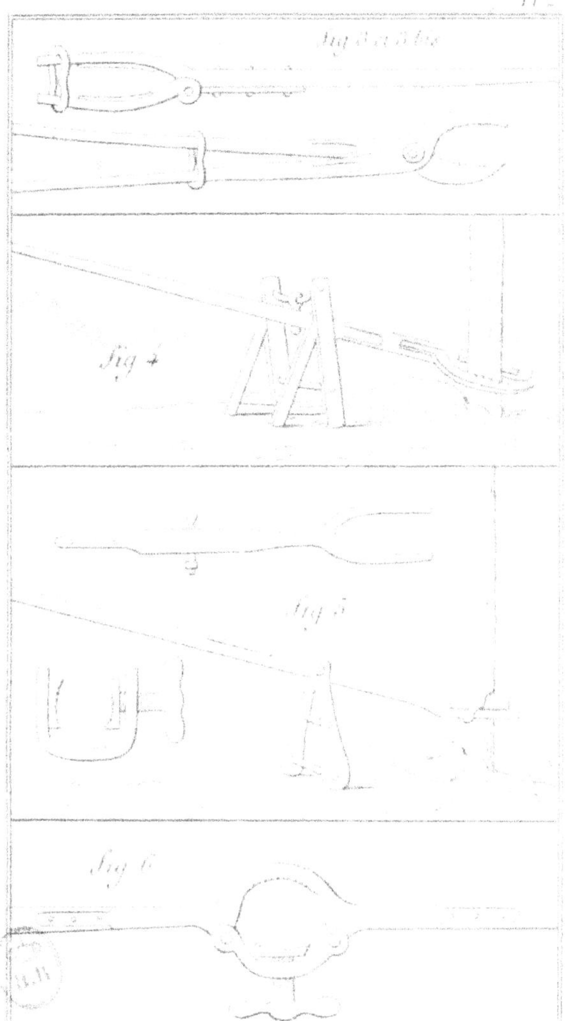
Pl. 2
Fig 4
Fig 6

Pl. 4

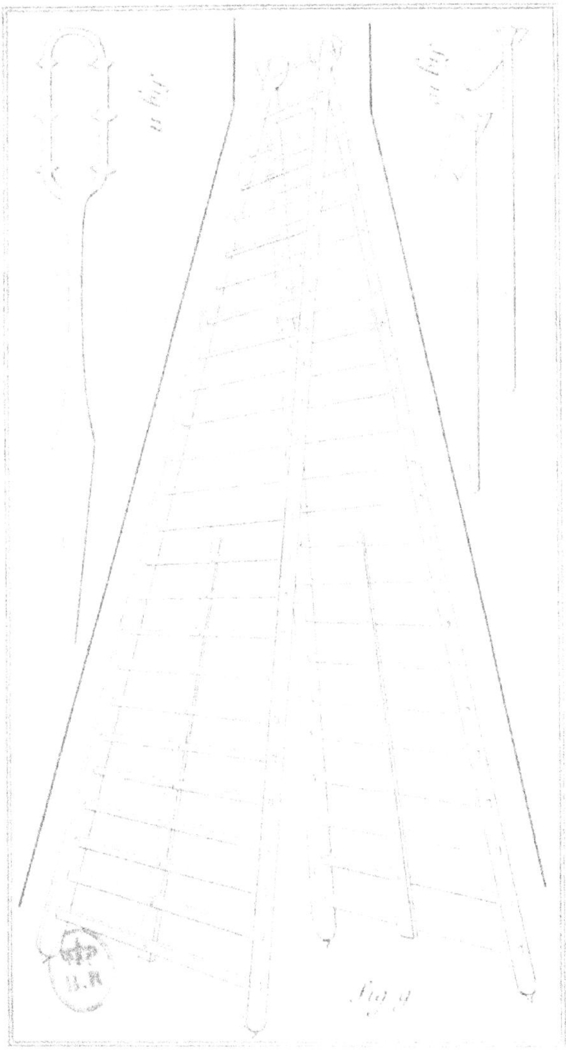

Fig. 9

www.ingramcontent.com/pod-product-compliance
Ingram Content Group UK Ltd.
Pitfield, Milton Keynes, MK11 3LW, UK
UKHW021559260726
13993UKWH00002B/931